陕南地区绿色农房的气候适应性设计

（下篇：构造与方案）

刘　煜　肖求波　王　晋　等著

西北工業大學出版社
西　安

【内容简介】 本套书从气候适应性的角度，阐述了陕南地区绿色农房的设计和营建，分为上、下两篇。本书为下篇，首先分析陕南地区既有农房的基本型，其次分析陕南地区既有农房屋顶及外墙的气候适应性构造优化，最后提出陕南地区绿色农房的气候适应性优化设计方案。

本套书可供陕南地区气候适应性绿色农房的研究者、设计者、建造者、管理者和使用者，以及对陕南地区绿色农房气候适应性设计感兴趣的其他读者参考。

图书在版编目（CIP）数据

陕南地区绿色农房的气候适应性设计. 下篇，构造与方案 / 刘煜等著. —西安：西北工业大学出版社，2022.9
ISBN 978-7-5612-7545-0

Ⅰ.①陕… Ⅱ.①刘… Ⅲ.①气候影响-农村住宅-生态建筑-建筑设计-研究-陕南地区 Ⅳ.①TU241.4

中国版本图书馆CIP数据核字（2020）第272903号

Shannan Diqu Lüse Nongfang de Qihou Shiyingxing Sheji (Xiapian : Gouzao yu Fang'an)

陕南地区绿色农房的气候适应性设计（下篇：构造与方案）

刘 煜 肖求波 王 晋 **等著**

责任编辑：查秀婷 **策划编辑**：杨 军
责任校对：朱晓娟 董珊珊 **装帧设计**：侣小玲
出版发行：西北工业大学出版社
通信地址：西安市友谊西路 127 号 **邮编**：710072
电 话：(029) 88491757，88493844
网 址：www.nwpup.com
印 刷 者：陕西瑞升印务有限公司
开 本：727 mm×960 mm 1/16
印 张：7.75 **彩插**：4
字 数：148 千字
版 次：2022 年 9 月第 1 版 2022 年 9 月第 1 次印刷
书 号：ISBN 978-7-5612-7545-0
定 价：39.00 元

前　言

国家住房和城乡建设部及工业和信息化部于2013年12月发布了《关于开展绿色农房建设的通知》（以下简称《通知》），标志着绿色农房建设正式成为国家层面的建设任务。《通知》明确提出绿色农房建设应坚持尊重实际，保持农村特色，结合当地气候条件和农村实际，尽量使用被动技术，避免采用复杂设备，充分利用当地经济适用的绿色建材，传承传统工艺，改良传统农房，保持传统风貌等具体要求，对绿色农房的研究、设计和建造起到了明显的推动作用。

在以上背景下，国家科学技术部、住房和城乡建设部及各省市发布了一系列绿色农房相关研究课题。本书编写人员在2015年7月—2018年12月期间，承担并完成了其中的国家“十二五”科技支撑计划项目“美丽乡村绿色农房建造关键技术研究与示范”之子项目“夏热冬冷（西部）地区绿色农房气候适应性研究和周边环境营建关键技术研究与示范”（编号：2015BAL03B04-2），以及陕西省国际科技合作与交流计划项目“陕南秦巴山区当代绿色农房环境适应性设计营建关键技术研究”（编号：2016KW-031）。本套书在以上项目研究成果基础上，由刘煜总体策划并主持编写。全书分为上、下篇，分册装订。

本套书是项目课题组全体师生的集体成果。课题组成员主要包括西北工业大学刘煜、王晋、郑武幸、张立琋、李静、刘京华、曹建、艾兵、杨卫丽、陈新、吴耀国、毕景龙、周岚、邵腾、黄姗、芦旭，长安大学任娟，浙江理工大学马景辉、李国建等老师；西北工业大学硕士研究生吴鑫谰、肖求波、赵娟、赵园馨、余龙飞、刘奕、王敏、何娇、周方乐、车栋、范兵、樊瑞祎、李潮、Bayaraa Bolortsetseg、文婷、姜应哲、申明肖，浙江理工大学硕士研究生汪辰等同学。

本书为下篇，内容包括4章：第1章陕南地区农房的基本型；第2章陕南地区农房屋顶的气候适应性构造优化；第3章陕南地区农房外墙的气候适应性构造优化；第4章陕南地区绿色农房的气候适应性优化设计方案。

本书第1章由肖求波撰写初稿、绘制图表，刘煜、郑武幸完善终稿；第2～3章由肖求波撰写初稿、绘制图表，刘煜、黄姗完善终稿；第4章由王晋主笔，该章案例方案分别来自西北工业大学建筑系学生方帅、肖求波、王敏、白雪和赵娟。全书由刘煜负责统稿，参考文献由邵腾参与统稿，图表由郝上凯、杨潇静、宋郭睿参与调整、完善。

本套书力图从气候适应性设计的角度，为陕南地区的绿色农房建设提供指导和借鉴。随着陕南地区经济快速发展、城镇化不断加速及移民搬迁工程逐步实施，该地区绿色农房建设面临着明显的多样性、复杂性和矛盾性。

在本书项目研究过程中，得到陕南地区相关县、乡、镇政府、街道社区及乡村居民的热情帮助，特别是得到汉中市宁强县科技局及汉源镇、高塞子镇政府的大力协助，在此深表感谢。同时，在本书写作过程中参阅了大量文献资料，在此对其作者表示忠心的感谢！本书的出版得到西北工业大学出版基金资助，在此一并致谢！

本套书为阶段性研究成果，限于能力水平，书中难免存在疏漏不足之处，诚恳希望关注绿色农房气候适应性设计的各位读者批评指正。

著　者

2019年8月25日

目　　录

第1章　陕南地区农房的基本型

1.1　关于农房的基本型

1.1.1　类型学原理概述

最早试图对建筑进行分类并提取其一般形式的建筑师，是意大利文艺复兴时期的安德烈亚·帕拉第奥。他作为现代建筑类型学遥远的先驱，写下了被誉为“西方建筑史上最重要的书”，同时也是第一部用类型学观点写成的建筑巨著《建筑四书》[1]。第一书对建筑的基本元素进行了分类，如台基、柱、门窗、梁楣、屋顶等；第二书确定了帕拉第奥式建筑的范式；第三书对道路和桥梁进行了分类；第四书对他测绘过的建筑遗迹进行了总结。这套书籍并不是将建筑的范式僵化为教条，而是提供一种组合模板供人们灵活使用。他通过分类使人们隐约地了解到，希腊罗马建筑如此优美而经典的原因就隐藏在其比例和谐的几何形式、统一的材料、有序的布局和空间组合之中，以文艺复兴时代独有的视角为后人打开了建筑类型学的大门。1832年，安东尼·卡特梅尔·德昆西撰写了两卷本《建筑学历史词典》，该书收集了两百多个建筑学基本词汇（或可称之为“概念”），根据这些词汇的词性、含义、源流等，在这本重量级的书中，“类型”一词第一次被精确定义。20世纪中叶，建筑大师阿尔多·罗西在其《城市建筑学》[2]中将建筑以一种有序的、系统的方式划分为不同的类别，一门新的学科“建筑类型学”就此诞生。

类型学在建筑中主要指某种特定的认知和思维方式，其中三点特别重要：①分类是有层次的，每一类别可以继续划分，每一级层均含有子级层；②分类方法并非只有某种固定形式，层级内容根据不同分类标准而改变；③分类仅是一种认知方法，不能因此割裂类与类之间本源上的联系，各类别对立中仍有统一的成分[3]。类型学就像哲学与科学的作用，当我们面对世间万象的时候，提供给我们了解所有现象本质并掌控他们的方法。建筑类型学从产生到现在，随着时代的进步，正在不断地发展和丰富。

陕南地区农房经历从传统到当代的发展，其材料、构造、功能、布局等都发生了变化，这些变化的产生，有些是从传统建筑中传承来的，有些则是在新的时代下形成的。基于类型学原理，对陕南地区农房进行分析，可以提取出当地传统农房和当代农房之间的传承关系，并形成农房的基本型。

1.1.2 农房基本型的定义

农房基本型并不是一个固定的样式，而是对农房基本空间形态的抽象和概括性表达。它是体现当地农房建造历史、潜在建筑经验和普遍建筑形制的代表性形态，能够反映一个地区农房的一般情况，可用于分析其蕴含的营造智慧。受参考对象和建立者的思维影响，农房基本型的解释并非唯一。基本型的建立可以为建房和改造房屋提供参考，使建筑设计在传承历史的同时，适应当代的要求。农房基本型的建立除了需要考虑建筑本身以外，还应该同时考虑社会人文、政治经济、地理气候等地域环境因素。

1.2 陕南地区农房基本型的构成要素

1.2.1 建筑平面布局要素

陕南地区当代农房与传统农房的建造方式有很大区别，但其基本空间形态却存在千丝万缕的联系，这个联系的重要一环就是建筑平面的三开间布局。“一明两暗”的三开间布局方式在当地传统建筑中普遍存在，不论是平常百姓的宅院、达官显贵的府邸，还是寺庙大殿等，均以三开间作为建筑平面的基本布局。以陕南地区老城村一栋超过100年历史的农房为例，其建筑信息如图1-1所示。

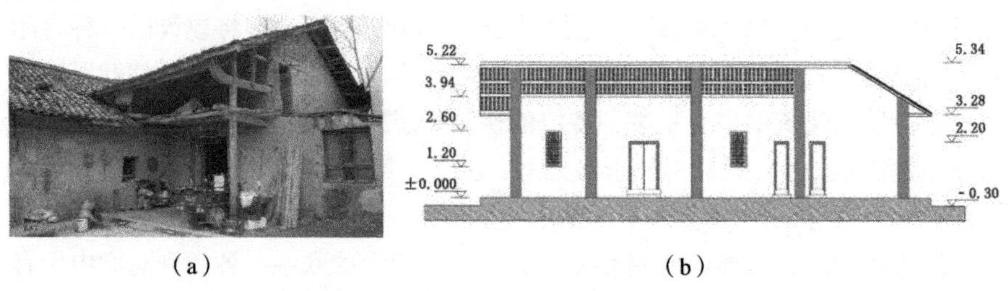

（a）　（b）

图1-1　老城村百年农房外观及其剖面图

（a）外观；（b）剖面图

该农房共居住过三代人，红色区域为第一代人建成的部分，因为第二代人的需要建立了黄色区域，而紫色区域是为了第三代人结婚成家而准备的（见图1-2）。随着时间的推移，最早的那一代人已经去世，而年轻的一代在外地打工，目前该农房仅有第二代两个五十多岁的村民居住。该农房从最初的建造到后来的扩建可以明显看出对三开间布局形式的传承。

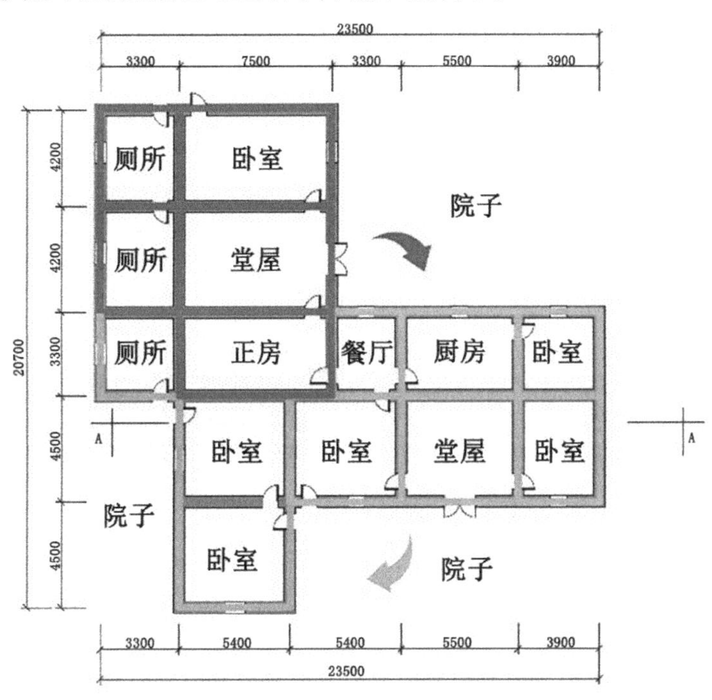

图1-2　老城村百年农房建设形成示意图

受传统农房影响，陕南地区当代农房依然多以三开间作为建筑平面的基本布局形式。入口位于建筑中部，进入之后是堂屋，堂屋两侧分别为客厅或卧室。堂屋一般进深相对较大，用于连接各功能房间。以北辰新村和草坝场村当地典型农房为例，两个村落在距离上间隔很远，北辰新村为“5・12地震”之后，由建筑设计院设计，于2009年建设完成（见图1-3）。而草坝场村农房为村民自建，比北辰新村农房建设时间更早，然而两者的平面布局却十分相似（见图1-4）。此类布局形式在陕南地区当代农房中普遍存在，来源于传统农房中三开间平面布局的基本型。该基本型构成了所有农房最初的平面形态，它根植于当地居民的记忆之中，转化为他们建房时的潜意识，并成为陕南地区农房基本型的主要组成要素之一。

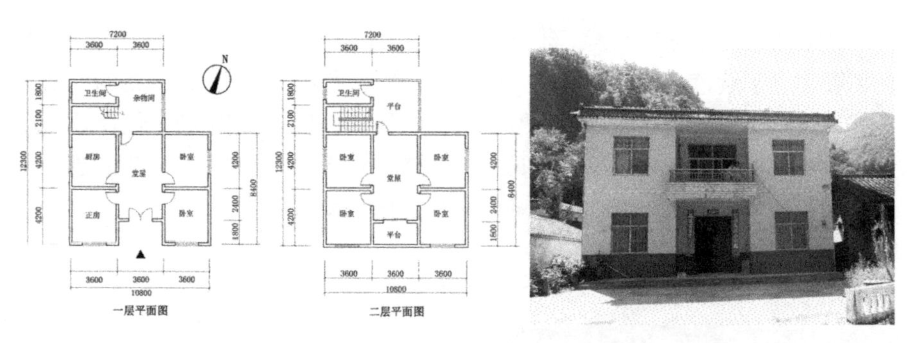

图1-3　北辰新村当代农房布局及外观

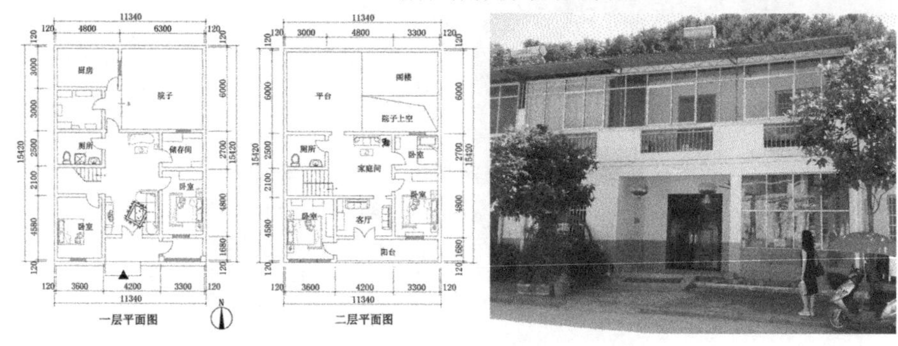

图1-4　草坝场村当代农房布局及外观

1.2.2　庭院布局要素

庭院是陕南地区传统农房的重要组成部分，有围合式、半围合式及开敞式三种类型。在传统农房中庭院和建筑是两个不可分割的部分，在陕南地区很难找到传统农房不带庭院的案例。以青木川古镇老街农房（见图1-5）和燕子砭镇农房（见图1-6）为例，前者是川地地形下天井农房建筑与庭院关系的典型代表，后者是山地地形下农房建筑与庭院关系的典型代表。两户农房的庭院均处于建筑庭院中部或前端的位置，其地位十分重要，与建筑之间是共生的关系。

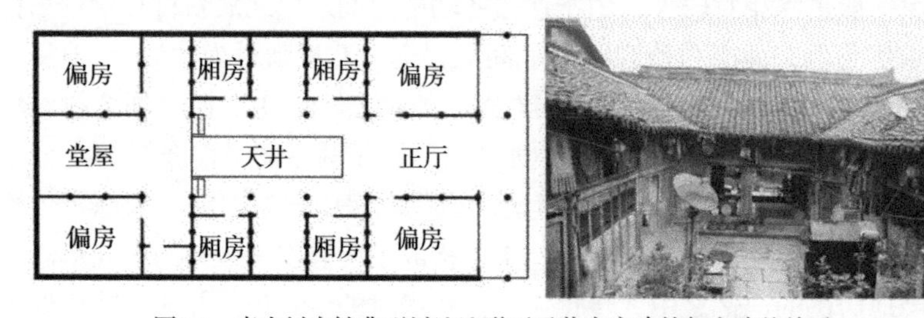

图1-5　青木川古镇典型川地地形下天井农房建筑与庭院的关系

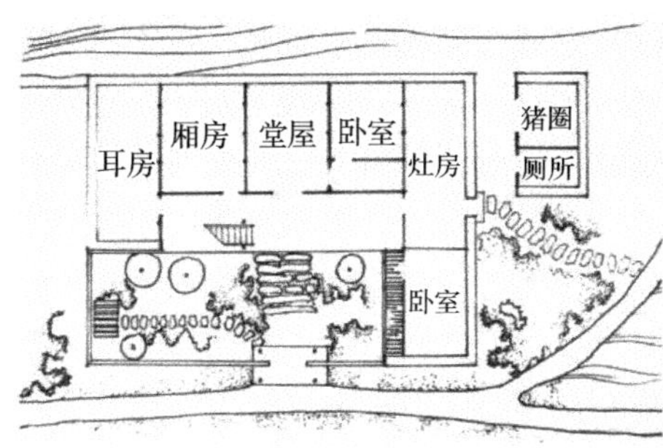

图1-6　燕子砭镇典型山地地形下农房建筑与庭院的关系

陕南地区当代农房的庭院虽不似传统农房那般诗意和自然，但也是农房的重要组成部分。如前文提到的北辰新村和草坝场村的当代农房，建筑前后设有带硬质铺地的庭院，当地人更习惯将其称为“院子”，具有晾晒、停车和休闲等功能。以高寨子镇薛家坝村一户农房为例（见图1-7），该农房有前院、中院和后院三个院子，各有其功能，前院用于摆放销售小商品的货架，中院用于生活，后院用于停车。随着生活方式的改变，人们对于庭院的功能需求发生了变化，传统农房中的庭院具有防御、生活、营造舒适微气候环境等多重功能。当代农房的庭院地面多被硬化处理，在方便行走和开展各类家庭活动的同时，其调节改善微气候环境的功能逐渐弱化。尽管人们对庭院的功能需求发生了变化，但它仍然是建筑不可分割的一部分。除少数集中安置的居民点农房没有空间设置庭院外，陕南地区绝大部分当代农房依然设置庭院用于各类家庭活动。

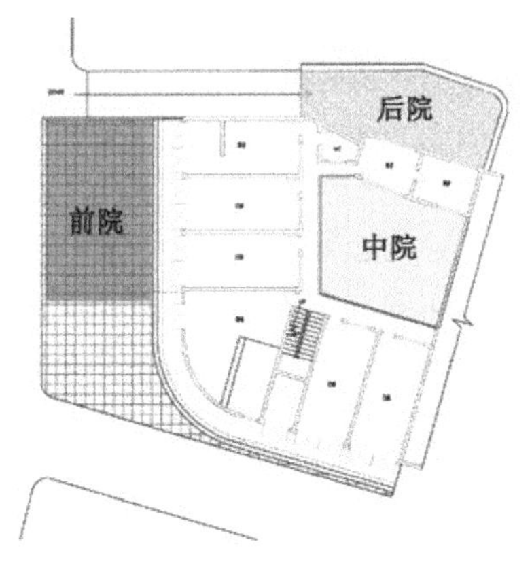

图1-7　高寨子镇薛家坝村某现代农房庭院布局及其外观

实地调研发现，陕南地区居民对前院的需求相对较小，对后院的需求相对更大。前院主要是装点门面，后院则是承载生活、劳动和储藏等行为的重要场所，与人们的生活紧密联系。因此在农房基本型的设置中，需要合理兼顾处理好前院和后院的比例关系。

1.2.3 建筑形体布局要素

陕南地区传统独栋农房建筑的形体布局有围合型、半围合型、“L”型和“一”字型等类型，当代农房有“L”型、“一”字型及方型等几种主要类型，部分农房会设计成围合或半围合型如图1-8所示，对陕南地区农村居民的问卷调研结果显示，绝大部分人心仪的建筑形体布局为“一”字型，其次为“L”型和全围合型，较少有人选择三面围合型，几乎没有人选择两面围合型。

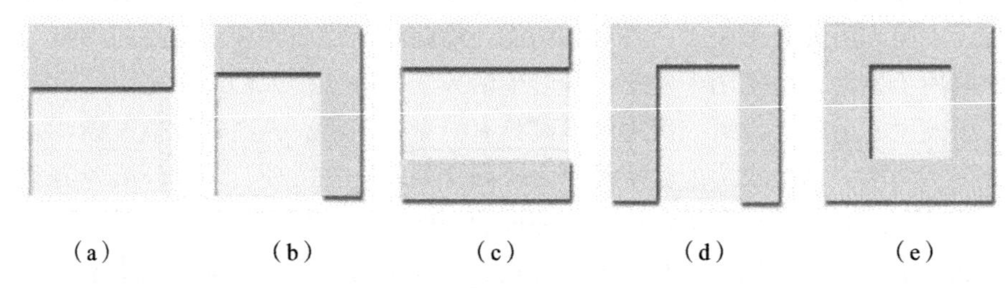

（a）（b）（c）（d）（e）

图1-8 农房建筑形体布局的主要类型

（a）“一”字型；（b）“L”型；（c）两面围合型；（d）三面围合型；（e）全围合型

目前陕西省境内严格实行农村村民一户一处宅基地的法律规定。农村宅基地面积标准为平原每户不超过133 m^2（二分①），川地、塬地每户不超过200 m^2（三分）；山地、丘陵地每户不超过267 m^2（四分）。调研显示陕南地区农村居民点主要分布在河流沿岸及接近河流的川地或山地。以川地地形为例，宅基地面积为200 m^2，假设建筑一层占地面积为100 m^2，选取当地居民普遍接受的“一”字型作为建筑基本型，同时考虑基地中存在部分较大的后院和较小的前院，依据这些条件可以形成多种组合方式，本书仅列举其中几个类型（见图1-9）。这些建筑基本型与庭院布局的关系并无优劣之分，可以根据户主的喜好进行调整，建筑在宅基地中的位置同样也可以根据使用要求进行变化。

① 一分地≈66.67m^2。

如前所述，陕南地区农房形体布局的基本型也包括“L”型、全围合型等其他形式，本书不对其逐个讨论，仅以“一”字型为例进行分析。

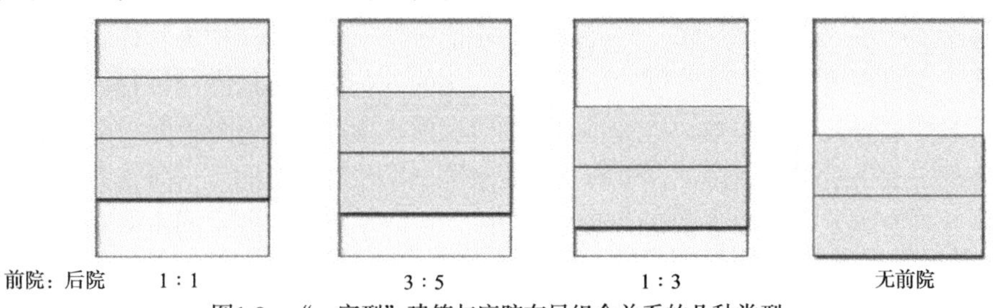

图1-9　“一字型”建筑与庭院布局组合关系的几种类型

1.2.4　基本功能要素

建筑功能布局指各房间按照一定的功能定位和相互关系进行布局。建筑各功能房间并不是独立存在的，而是相互联系、相互影响。陕南地区传统“一”字型农房中，蕴含了人们对建筑功能及其主次关系的初始思考，如图1-10所示。堂屋居中，两侧分布偏房，可做卧室和餐厅，偏房之外可设耳房，耳房一般用作储存间、灶房或工具间等。建筑主入口位于堂屋与前院正对的位置，在进入内部空间之前，必然会经过一个屋檐遮盖的檐下空间，建筑功能的序列为前院—檐下空间—堂屋—其余房间。

天井式农房相对于“一”字型农房，其功能更加复杂，各功能房间以天井为中心分布，仍然以前院为建筑序列的开始，经过一段檐下空间进入堂屋，从堂屋到达其余房间。进入天井后，相当于重置这一序列，即天井—檐下空间—堂屋—其余房间。左右厢房也类似，只是中间的房间变为一个用于休息的过渡空间。

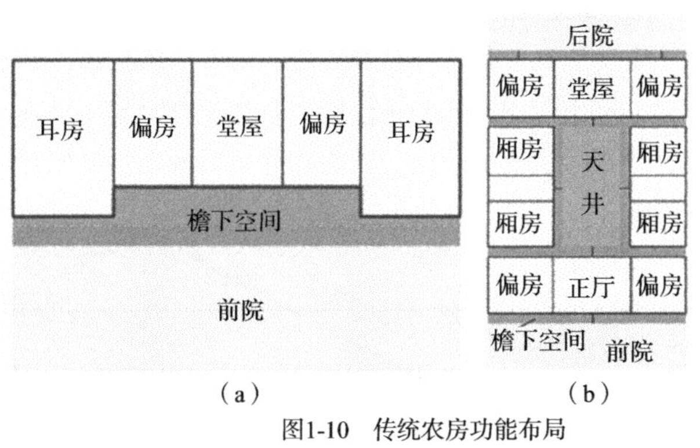

图1-10　传统农房功能布局

（a）“一”字型农房；（b）天井式农房

陕南地区当代农房的建筑功能比传统农房更为复杂，各房间之间既有水平方向的相互联系，也有垂直方向的相互联系。然而，各类房间之间的序列与秩序感比传统农房显著削弱，当代农房各功能房间不完全按照中轴对称的形式分布，而呈现出一种大致对称，又可灵活变化的分布形态，没有一种特定的平面形式能够将其进行归纳。从房间中人的活动形式考虑，可以分为起居空间卧室空间、辅助空间（厨房、卫生间、储藏室等）以及备用空间（平时作为储藏、娱乐等空间，逢年过节家庭团聚时作为卧室空间）等，这些空间由交通空间进行连接（见图1-11）。

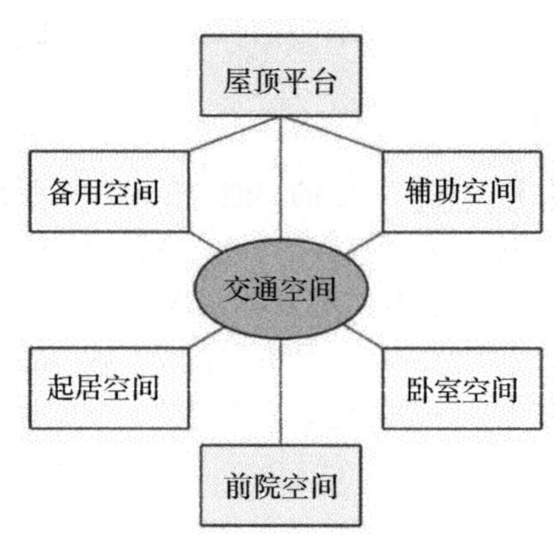

图1-11 当代农房中各功能空间的连接关系

1.2.5 围护结构要素

1. 屋顶形式

陕南地区气候湿润、降雨充沛，而坡屋顶具有良好的排水性能，能够尽快将水排走。当地传统农房屋顶构造具有缝隙，因而在夏季除具有遮阳的作用外，也具有散热和通风的作用。屋檐的出挑能减少雨水对墙面的冲刷，同时也提供了功能丰富的檐下空间。因此，坡屋顶是传统农房适应当地气候的做法。即便到了当代，该地区大部分农房仍然采用坡屋顶作为主要屋顶形式；虽然平屋顶形式也在当地比较常见，但在使用中常存在漏水和夏季炎热等问题。当地坡屋顶一般做成“三五坡”，即屋顶的高度与一侧屋面的投影宽度比为3∶5（见图1-12）。这种做法

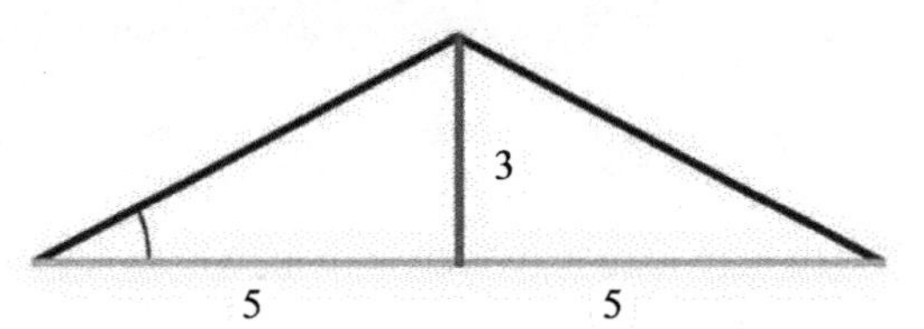

图1-12 当地坡屋顶农房屋顶起坡的一般做法

在传统农房和当代农房中被普遍采用。

2. 外窗尺度

陕南地区传统农房外窗大小通常根据墙体材料的不同而有不同设置。在夯土墙上开设外窗时，通常面积较小，以满足最基本的采光要求为主。在木外墙上开设外窗时，通常洞口较大。此外，传统农房的外墙开窗也因立面朝向的不同而有所不同。一般情况下，南向、朝向道路或朝向天井的外窗面积较大，而北向或朝向狭小过道的外窗面积较小。外窗开启的大小也受到外窗所在功能房间的影响。当代农房因为采用了新型建筑材料，外墙开窗洞口普遍较大，因而采光良好，然而过大的开窗洞口容易造成室内热舒适度降低。在外窗的窗墙面积比方面，当代农房和传统农房之间未发现传承关系。从节能的角度考虑，可以参照现行的《夏热冬冷地区居住建筑节能设计标准（JGJ 134—2010）》进行设置（见表1-1）。

表1-1　不同朝向外窗的窗墙面积比限值

朝　向	窗墙面积比
北	0.40
东、西	0.35
南	0.45
每套房间允许一个房间（不分朝向）	0.60

3. 室内高度

调研显示，陕南地区传统农房中，首层是人们的主要使用空间，往往会做得较高（净高约为3.5～4 m），而二层则较低（净高约为2.2～2.8 m）。当代农房因为材料的改进，建筑层高限制较小。大部分居民会将首层设置为3.3～3.8 m，二层相对较低，约为3.3 m，三层更低一些，约为3 m。传统农房大多只有一层，并且通常设有通高或半通高的夹层，首层层高较大，有利于夏季散热和减少室内空间的压抑感。但过高的层高不利于冬季保温，也可能造成室内空间比例失调。分析认为，陕南地区农房首层层高设置在3.3 m以内，二层及以上层高设置在3 m以内，即可满足一般使用功能及热舒适度需求。

1.3　陕南地区农房基本型的分类构建

鉴于陕南地区地形以山地和川地为主，本书选择川地作为主要讨论对象，即基于面积为200 m^2 的宅基地进行农房基本型的讨论。

1.3.1 建筑形体的基本型构建

为了构建农房基本型，在确定了宅基地面积大小后，需要对建筑本身的面积、朝向、体块等分别进行讨论。为了将讨论集中在主要方面，本书在农房基本型构建中：首先，对朝向进行了简化，选取正南作为基本型的主要朝向；其次，将建筑面积同样设置为200 m^2，这一面积可以满足陕南地区农村一般家庭生活的基本需求；再次，以传统农房中最常见的三开间长方体作为基本形体；从次，参考上节分析，将首层层高设置为3.3 m，二层设置为3 m；最后，鉴于当地农房普遍采用坡屋顶，基本型采用坡屋顶形式，且坡度设置选取当地普遍做法，即“三五坡”。如此便形成了建筑形体的基本型（见图1-13）。

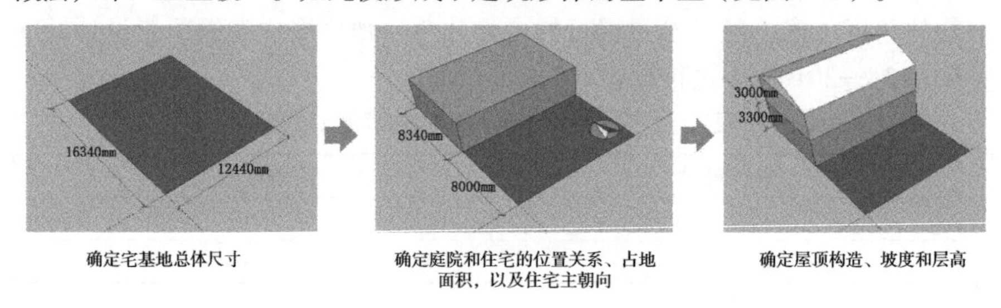

图1-13　农房建筑形体基本型的形成过程

1.3.2 平面布局的基本型构建

陕南地区农房平面布局的基本要素为三开间，可按照方便人使用的尺寸将其延伸为前后三个空间，中间用交通空间连接。划分各功能空间，应突出主次，可以基于当地人的使用习惯，对各房间的功能面积需求进行统计。基本型平面布局形成之后应与当地居民交流，了解他们的意见和看法，之后对其进行相应的调整。

后文提出的平面布局基本型是在测绘陕南地区大量当代农房之后，总结当地居民对各功能房间面积安排的实际情况得出的结果。具体布局是将起居空间、卧室空间放置在朝南的方向，交通空间处于各功能房间之中，起联系作用。然后根据《夏热冬冷地区居住建筑节能设计标准（JGJ 134—2010）》，在平面布局中开设门窗，进而构建完整的首层平面基本型（见图1-14）。按照同一思路可以构建二层平面的基本型（见图1-15）。

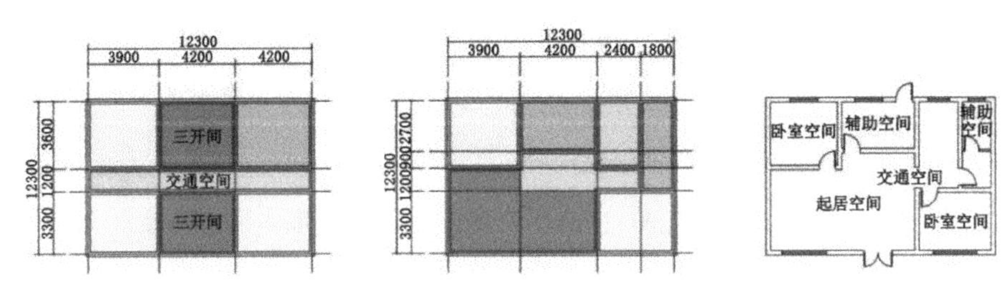

图1-14　农房首层平面基本型生成示意图

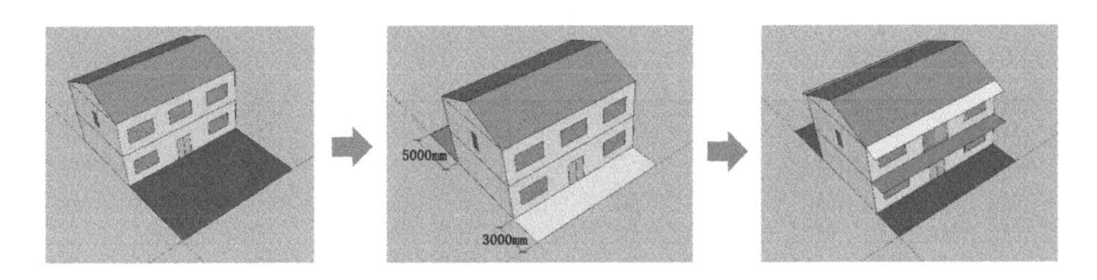

图1-15　农房二层平面基本型生成示意图

1.3.3　农房整体的基本型构建

基本型平面布局初步形成之后，还需要对其进行细化调整。首先对庭院的分布比例进行细化调整。陕南地区农村居民普遍希望有一个较大的后院用于操作和储存杂物，前院主要用于装点门面，较小的面积即能满足要求。因此可以考虑将前院和后院的比例设置为3∶5，前院宽3 m，后院宽5 m，以较好地满足居民对庭院的要求。确定了建筑与庭院的关系之后，在使用上也要根据当地居民的习惯进行细化调整，即设置阳台和挑檐。陕南地区当代农房普遍使用阳台，用于交通和休憩，同时作为一层入口的雨棚。当代农房坡屋顶分为有组织排水和无组织排水两种方式，有组织排水在城镇地区应用较多，无组织排水在农村地区使用较多。本书以有组织排水且设置挑檐的坡屋顶作为基本型的构成要素，最终构建形成农房整体的基本型（见图1-16）。

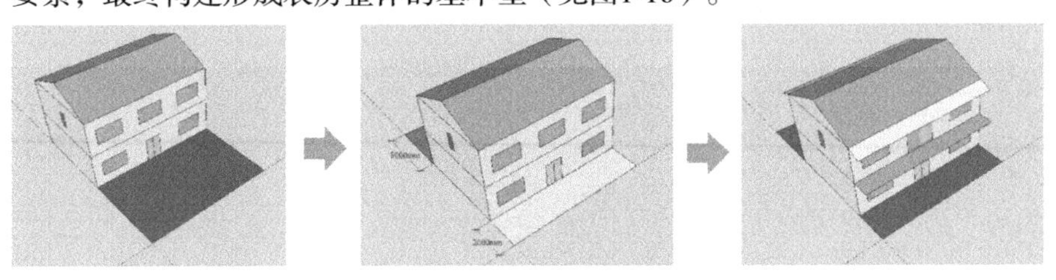

图1-16　基本型细化调整

如果需要实际建造，可以在此基础上做进一步的细化，进行初步设计和施工图设计。本章建立基本型的目的是进行软件模拟，农房的构造将在之后的章节中进行定义。

基本型是基于大量当地既有农房建造经验而构建形成的典型方案，其形成既是基于理性的思考，同时也离不开感性的创造。基本型对地域既有农房真实情况的反映程度，取决于参考样本的数量。样本的数量越多，提取的要素越丰富准确，就越能反映既有农房的实际情况。本章在大量实地调研的基础上，根据农房建设相关标准和要求，构建了陕南地区农房的基本型，作为后文讨论的基础。

第2章　陕南地区农房屋顶的气候适应性构造优化

2.1　农房屋顶构造及存在问题

2.1.1　传统农房的屋顶做法

陕南地区传统农房的屋顶主要为木构架坡屋顶，屋面使用小青瓦或石板瓦。一般在屋顶下方设置阁楼作为储物空间，阁楼空间大小和高度根据农房体量有一定区别，一般分为室内阁楼和室外阁架（见图2-1）。室内阁楼是由阁楼板和屋顶围合形成的空间，不属于主要功能房间，是屋顶层向室内过渡的缓冲空间。该缓冲层对传统农房的保温隔热起到十分重要的作用。当地室外阁架的做法较为简单，主要利用出挑的梁架作为支撑，用以摆放暂时不用的木料、粮食、农具等；室内阁楼的做法较为讲究，一般有以下三种形式，每种形式对应不同的功能（见表2-1）。

图2-1　室外阁架的做法和用途示意图

表2-1 室内阁楼的一般做法及功能

做　法	密封木板上铺设覆土层	竹编或木板简单铺设	不做楼板
出现位置	卧室、堂屋/正房	堂屋/正房、储藏间	厨房、厕所
是否满铺	是（全满铺）	否（留有一定的空隙）	—
功能	保温、储物、居住	通风、储物	通风、除臭
附图			

图2-2显示了密封木板上铺设覆土层的屋顶做法：木板厚度约为30 mm，覆土厚度约为120 mm。该做法的目的：一方面，平整的木板为下层室内留出平整的天花板，提供良好的视觉效果；另一方面，上层覆土起到保温作用。

传统屋面在木架上覆小青瓦或石片，通风效果很好，但隔热效果较差。对于山谷风盛行地区而言，冬季夜间向下的山风比较寒冷。增加了覆土层的阁楼楼板可以阻挡下沉山风对下部卧室的不利影响，有利于维持冬季室内温度。

传统农房屋顶+阁楼的做法，为当代农房屋顶的构造优化提供了可借鉴的思路。

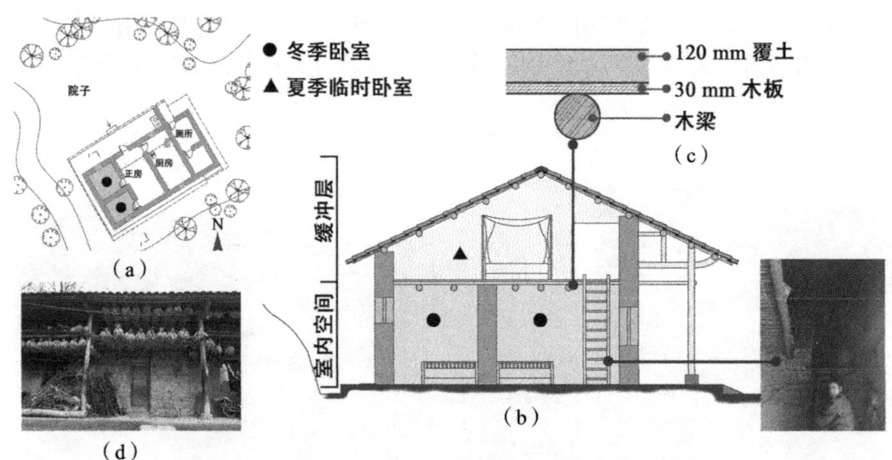

图 2-2　传统农房平面、立面、剖面及屋顶构造示意图

（a）平面图；（b）剖面图；（c）楼板构造示意图；（d）立面外观图

2.1.2　当代农房的屋顶做法

1. 常见屋顶形式

陕南地区当代农房建设与传统农房相比有较大区别。传统农房的分布与道路、农田、河流和地势等密切相关，呈团状、带状或点状分布。农房用地规模各不相同，建筑体块组合方式多样。当代农房的整体规划布局更加集中，主要与经济发展和人们生活息息相关，往往更多靠近道路和商业用房等。由于宅基地的限制，农房往往并排而建，建筑间距很小。

农房屋顶形式在不同区域有不同的特征，同一种屋顶形式往往会在一个区域集中出现。陕南地区当代农房主要呈现以下四种屋顶形式。

（1）坡屋顶

坡屋顶形式集中出现在交通不太便利的山区。这种做法主要借鉴和传承了传统屋顶做法，由于采用实心或空心砖墙，代替了传统农房的砖木混合结构，也就没有了传统农房中的木架阁楼空间。这种屋顶使用木构架作为支撑，将一定厚度的木望板固定在作为支撑的圆木上，之后在木望板上铺小青瓦或者钉挂瓦作为覆盖。传统农房坡屋顶做法的优势在于其排水效果好，可以有效避免室内漏水现象的产生，出挑的屋檐既能减少雨水对墙面的冲刷，又能起到遮阳的作用。但是坡屋顶的保温性能较差，冬季时，室内必须大量使用燃烧柴火或炭火盆等采暖措施，才能基本满足人体热舒适的要求（见图2-3）。

图 2-3　坡屋顶及其室内构造做法示意图

（2）平屋顶

平屋顶主要在城镇近郊农房中使用，其做法是使用现浇或预制混凝土板作为屋顶主体结构，上部设置防水层（见图 2-4）。这种做法得到广泛采用的原因主要包括：沿街修建的农房不能像传统农房一样拥有宽阔的院子或空余场地用于晾晒农作物和衣物等；而仍然从事农业生产的村民需要较大平台进行晾晒活动；同时，平屋顶构造避免了坡屋顶需要定期"捡瓦"的工作，更加便捷实用；其造价和人工费用也更低。这种屋顶最大的缺点是排水不畅，防水性能不足。在陕南多雨的气候条件下，这种屋顶常出现楼板渗水的情况。另一个明显的缺点是建筑顶层的热舒适度低，夏天热，冬天冷。当地很多居民使用一段时间后都对平屋顶进行了一定的改造。最常见的改造做法，就是将平屋顶改为坡屋顶，即所谓的"平改坡"。

图 2-4　平屋顶外观及其构造做法

（3）平改坡屋顶

陕南地区平改坡屋顶形成的主要原因是普通平屋顶漏水和顶层房间冬冷夏热，影响居民正常生活。在部分地区，政府从外观统一的角度考虑，也组织地方居民进行平改坡活动。平改坡一般采用在原有平屋顶基础上加设彩钢瓦、设置隔热层和局部加设坡屋顶三种方式（见图 2-5）。

图 2-5　平改坡屋顶的几种做法

（4）平+坡屋顶

平+坡屋顶是陕南地区当代新建农房中另一种较为普遍的屋顶做法，是坡屋顶和平屋顶相结合的建造形式。具体讲，就是在平屋顶基础上加设坡屋顶的做法，也被称为复合坡屋顶[4]或sloping roof combined with flat roof（简称为SF Roof）[5]，本书称其为平+坡屋顶。这种屋顶做法是人们在总结平改坡做法的基础上形成的一种新的屋顶形式。它结合了平屋顶和坡屋顶的优势。在平屋顶基础上，增加砌筑一个坡屋顶。其中，平屋顶部分使用现浇或者预制板的方式，但不需要做严格的防水层。

随着当代建筑材料的更新，人们不再使用小青瓦作为屋面材料，而使用耐久性更好的机制瓦，包括颜色更加鲜艳的琉璃瓦等。建成之后，不需要经常检修，而且可以承受冰雹等极端天气的影响。当地村镇农房平+坡屋顶的坡屋顶部分，一般不像传统农房那样做较大的挑檐，而是采用排水槽进行有组织排水。平+坡屋顶的造价相比其他屋顶形式更高，但质量也更好，同时对室内热环境的维护作用更强，因此在当地新建农房中被普遍采用（见图 2-6）。

图 2-6　平+坡屋顶外观及内部

平+坡屋顶做法在平屋顶和坡屋顶之间形成的空气层，在当地被称作“隔热层”。这与传统农房阁楼空间所形成的“缓冲层”空间效果类似。相比传统农房的阁楼空间，平+坡屋顶可控性更强，对其保温隔热性能也可以做进一步的优化和改善。

2. 屋顶材料与构造

“人类的住房，历经沧桑、风雨变迁，依然保持着某种单纯的构造，单纯得总是表现出某种标准化特征，而且这种从陋室到宫殿无处不在的标准化在某一时期的潮流中又是那么独一无二，都是基于同样深刻、理性或感性的原因[6]。”农房屋顶的发展经历了漫长的过程，在不同时期根据不同材料和技术采用不同的构造方式，但都呈现出一定的可标准化的特征。此处主要讨论坡屋顶、平屋顶和平+坡屋顶三种，屋顶形式的做法；讨论不包含平改坡做法，因为这种做法处于过渡状态，不具备可标准化的典型特征。

（1）坡屋顶

陕南地区当代自建农房在建设中主要考虑夏季隔热而较少考虑冬季保温。既有坡屋顶构造既不铺设保温材料，也不设置防水层。屋架由砖砌的山墙支承，山墙砌成尖顶形状，墙体有无构造柱由具体情况而定。横墙上直接搁木檩条，檩条截面直径一般为100～130 mm，水平间距700 mm左右。檩条上搁木望板，木望板截面尺寸一般为60 mm × 20 mm，水平间距300 mm左右。很多自建农房的木望板并不是标准构件，而是一些厚度相当的木板，铺设在檩条上。木望板上钉挂瓦条，为最小的木构件，截面尺寸约为30 mm × 15 mm，水平间距300 mm左右。挂瓦条上铺机制瓦、水泥瓦或者小青瓦，外立面有红色或白色封檐板作为檐口。出檐深度一般山墙面小于平墙面，前者0.35～0.6 m，后者0.6～0.9 m，也有两面相同的情况。若出檐深度超过0.9 m，则在外墙上搁挑檐木支撑。阁楼内一般设两至三道横向隔墙，与农房开间相对应。阁楼较低时，山墙面开窗或者使用亮瓦采光。阁楼较高时，与下层开窗方式相似，在平墙上开窗。阁楼若不进人，则其净高大多较低，不超过1.3 m。农户如想将阁楼用于居住时，则其净高一般较高，可达2 m以上。阁楼空间内的隔墙开门只需满足人通行即可，位置没有特别限制。

坡屋顶构造材料如表2-2所示。

表 2-2　坡屋顶构造材料

屋顶构造	材料选择	用料规格及做法	材料/构造做法示意
檩条	木材	圆形截面，直径100～130 mm，用整料。直接搁置在山墙上。两根之间水平间距大约为700 mm	
木望板	木材	又称屋面板，截面不固定，一般采用20～25 mm厚的木板铺在檩条上，两根之间水平间距大约为300 mm	

续表

屋顶构造	材料选择	用料规格及做法	材料/构造做法示意
挂瓦条	木材	方形截面，一般为30 mm × 15 mm，铺在椽子上，两根之间水平间距大约为300 mm	
屋面瓦	小青瓦	一般长200～250 mm，宽150～200 mm，铺瓦要求“一搭三或压七露三”，即要求瓦面上下搭接2/3左右	
	机制瓦	机制瓦规格相对较大，常见长420 mm，宽240～330 mm，一般每块瓦上有两个预留孔，施工时一端钉在挂瓦条上，上下左右堆叠。屋脊处装饰采用整块单体构件	
封檐板	木材	封檐板一般用宽200～250 mm、厚20～30 mm的木板制作，其长度可根据屋檐及板材本身的长度而定。封檐板设置在屋顶檐口处，长边顺檐口布置，用于避免屋檐内部构件受到雨水侵蚀，同时可起到美化屋檐的作用	

（2）平屋顶

陕南地区当代自建农房的平屋顶主要使用预制板或现浇方式完成主体部分，再铺设防水卷材作为防水层，一般不做保温层。部分上人屋面用水泥砂浆找平，之后覆盖以地砖。基本做法如图2-7所示。

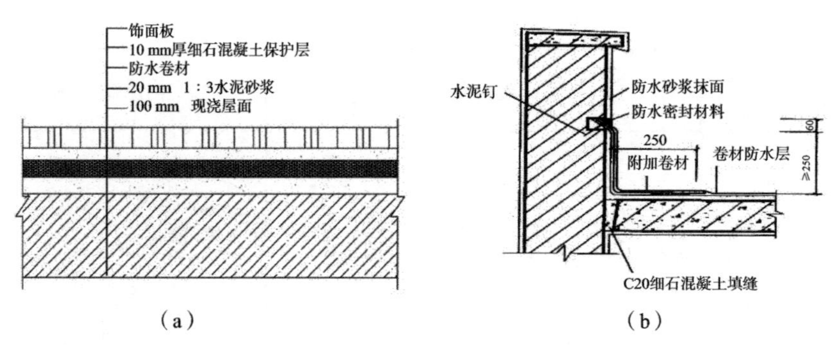

（a）　　（b）

图2-7　平屋面做法

（a）上人屋面做法；（b）不上人屋面做法

（3）平+坡屋顶

平+坡屋顶是在平改坡屋顶做法的基础上，不断总结经验，将以往不成熟的做法和工艺进行改进以逐渐满足人们需求的一种屋顶形式。屋顶不再继续使用寿命较短的小青瓦作为屋面材料，而是使用耐久性更好的机制瓦。平+坡屋顶从一开始就将平屋顶和坡屋顶一同进行建设，而不是在建成平屋顶发现问题后才进行改造。

当地平+坡屋顶的做法大体有三种形式：①将坡屋顶和平屋顶之间的高度做到一个层高左右，中间形成一个流通开敞的空间，空间的利用方式主要是储存和晾衣物等，可以称之为完全开敞式平+坡屋顶。②有些政府统规统建的农房，会将坡屋顶和平屋顶之间的间距做得很小，两层屋顶中间的空间是封闭的，无法进入，也不能使用，可称之为完全封闭式平+坡屋顶。③部分地方的农房会将两层屋顶之间的高度做到刚好能进人，但是又不完全开敞，主要是为了防雨和避免鸟兽的进入，可称之为部分开敞式平+坡屋顶（见表2-3）。有些居民会使用部分开敞式平+坡屋顶内的这个空间，有些则不使用。平+坡屋顶的基本做法如图2-8所示。

完全开敞式平+坡屋顶中间的空间能够从事多种活动，也能够在夏季为建筑遮挡阴凉，但是在冬季其保温性能较差，不能起到防寒的效果。部分开敞式平+坡屋顶做法的好处是通风口可以在夏季打开，冬季关闭，这样能够让屋顶在冬季和夏季起到不同的作用。完全封闭式平+坡屋顶冬季保温效果较好，但是夏季内部空气容易过热，从而对其下部室内空间的热舒适造成一定不利影响。

表2-3　平+坡屋顶建设的几种形式

平+坡屋顶形式	侧墙高度	屋顶下部空间情况	图　示
完全开敞式	2 m以上	储存、晾晒、可以进入	
部分开敞式	1～2 m	可利用，可以进入	
完全封闭式	0.5 m以下	不利用，不可进入	

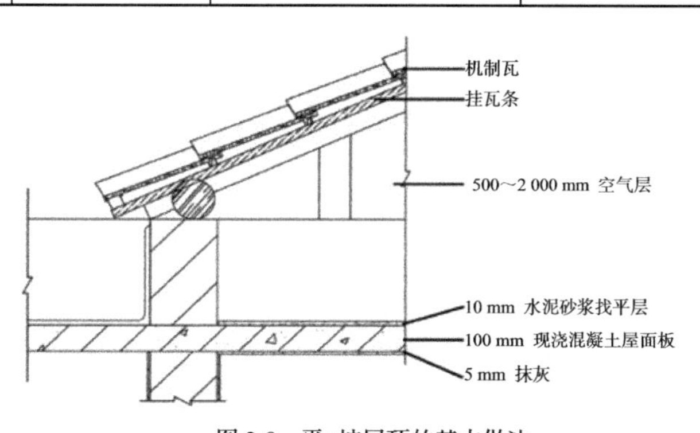

图 2-8　平+坡屋顶的基本做法

在农房屋顶的演化过程中，尽管材料和构造做法在不断更新，但是坡屋顶的形式一直被传承着，并且随着时代的发展呈现出多种表现形式。

2.1.3 既有农房屋顶存在的问题

1. 平屋顶

农房的平屋顶主要可用于晾晒和日常活动。然而，陕南地区多雨，当遇到连绵不断的降雨时，平屋顶容易出现屋面积水和漏水现象，屋顶漏水有可能进一步造成墙面破损和外观损坏。以汉源镇近郊某村为例，该村为移民安置小区，是“5·12地震”灾后重建项目。原方案是平坡结合的屋顶形式（见图2-9）。建筑主体采用坡屋顶，附属房间采用平屋顶，并且为建筑设置了后院和沼气池。目的是让入住的居民既能够满足农业生产生活的需要，也能够感受现代农房舒适的居住环境。然而，自2009年小区建成，居民入住之后，几乎所有人都发现了建筑平屋顶部位的漏水问题。因为屋顶漏水又出现了墙皮脱落、室内渗水等现象。为了解决这个问题，村民们自发地为其平屋顶部分加盖彩钢瓦屋顶（见图2-10）。此外，由于原设计方案没有考虑车库和农具的摆放，所以很多居民利用钢架和彩钢瓦在建筑旁边搭建车棚和农具棚。调研显示，漏水和积水问题在当地平屋顶农房中普遍存在，因此开始建设为平屋顶的农房，在使用一段时间之后，居民都会自发增设坡屋顶用于防水。当地居民认为防水卷材和涂料不能完全解决屋顶防水的问题，坡屋顶才是最保险的做法。

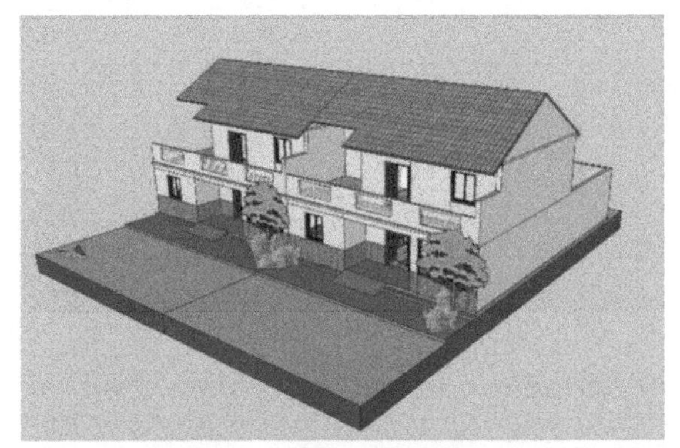

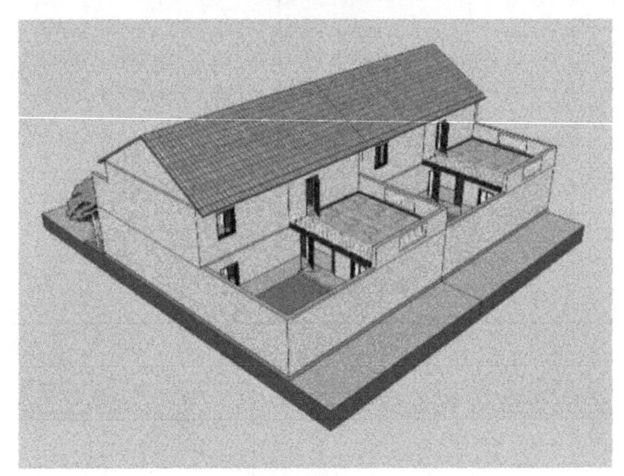

图 2-9　农房灾后重建方案的前后侧鸟瞰图

图 2-10　某村居民为其农房平屋顶加建彩钢瓦屋顶

2. 坡屋顶

陕南地区传统农房采用的坡屋顶，虽然构造简单且有利于防水，然而其保温性能不佳。当代农房做法并没有在传统屋顶构造上进行大的改进，因此不利于保温的状况依然存在（见图 2-11）。

图 2-11　农房坡屋顶

3. 平改坡屋顶

陕南地区当代既有农房中的平改坡屋顶，属于过渡中的构造方法。其在建设过程中也出现了很多问题。以彩钢瓦改造平屋顶为例，作为一种金属构件，彩钢瓦虽然能够为平屋顶解决防雨的问题，但其在受热时，会将热量传至所连接的墙壁，并且通过辐射的形式将热量传到附近的房间，影响室内热舒适度。同时彩钢瓦改造平屋顶，会严重影响建筑外立面的效果，使其有一种临时建筑的感觉（见图2-12）。使用机制瓦或者小青瓦做的平改坡屋顶，存在防水不严密，造成局部区域漏水，或者因为新建屋顶与周边建筑之间高差关系处理不到位造成漏水等问题。在改造的过程中，有些新建的坡屋顶和原有平屋顶之间没有设置通风口，造成屋顶过热的现象。对于平坡结合的屋顶而言，平屋顶部分防水问题并未得到很好的解决，依然存在容易漏水的问题。人们在使用过程中不断总结经验，屋顶构造渐渐趋向平+坡的构造方式。

图 2-12　彩钢瓦屋顶破坏街道外观

4. 平+坡屋顶

平+坡屋顶是人们总结生活经验后建造的较新型的屋顶形式，既能起到防雨的作用，也具有一定的保温隔热效果，对于多雨的陕南地区而言，有着明显的气候适应性优势。其构造做法比较灵活，使用功能和环境性能仍可进一步优化。

2.2　不同屋顶形式下的室内热舒适体验

实地调研中，对当代陕南地区不同屋顶形式下居民的居住体验和生活习惯进行问询，结果如表2-4所示。

表 2-4　不同屋顶下居民的生活体验及习惯

屋顶形式	居住体验	生活习惯
平屋顶	1）顶层夏季过热，不如传统农房舒适，如住的话需要开空调； 2）漏水严重，不好处理漏水的问题，且漏水影响室内外观和墙壁质量； 3）二楼干净一些，通风效果相对好一些，视野开阔； 4）如果二楼不热的话，希望住二楼，一楼可能会有家禽来来往往，不太方便	部分居民夏季居住在一层，冬季居住在二层；部分居民生活在二层，使用空调或者电风扇
坡屋顶	1）夏天有些热，但还能接受，冬天会比较冷，因为房子漏风； 2）漏水现象不是很明显，但是下雨时间长了也会有部分地方漏水	冬天的时候会用炭火盆、电暖气、电热毯等取暖；夏天主要使用风扇

续表

屋顶形式	居住体验	生活习惯
平+坡屋顶	1）如果是封闭的屋顶，夏天顶楼比较热，冬天还可以； 2）基本没有漏水的问题； 3）如果是开敞的屋顶，夏天挺凉快，冬天也还能接受	顶层有时会住人；部分居民夏天住在一层，冬天在二层

在陕南地区，对居民热舒适体验影响最大的是温度。温度主要受太阳辐射影响，因太阳辐射热传到室内被人体感受的量不同，人的热舒适感会有区别。屋顶对太阳辐射的遮挡效果与人们在顶层居住时的热舒适感有直接联系。不同的屋顶形式下太阳辐射的传热路径及规律不同。以夏季为例，其传热路径及规律大致如图 2-13所示。

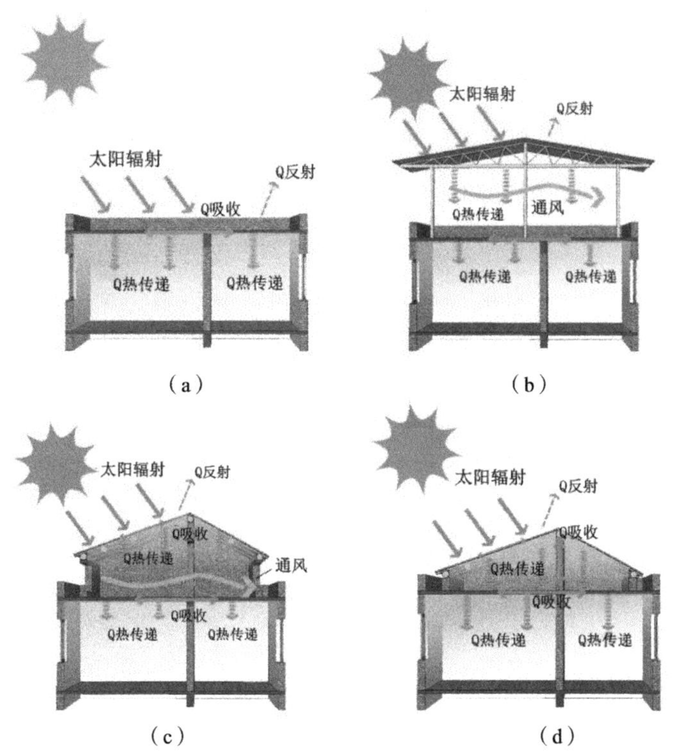

图 2-13　不同屋顶类型及其夏季传热路径、规律示意图
（a）平屋顶；（b）简易平改坡屋顶；
（c）开敞式平+坡屋顶；（d）封闭式平+坡屋顶

夏季，平屋顶整个屋面均受到太阳照射，一部分热量被屋顶反射，一部分热量被屋顶吸收，仍有大量热经过屋顶以传导和辐射方式进入室内空间，使室内温度升高。如果室内通风不畅，集聚在室内的热量会越来越多，人体热感觉越来越明显，室内热舒适度就会下降。

对于使用彩钢瓦的简易平改坡屋顶而言，大量太阳辐射热会被彩钢瓦吸收及反射到周围的空气中，当彩钢瓦屋面和平屋顶之间有一个开敞的空间时，流动的空气有助于带走其中积聚的热量，从而让平屋顶上的得热显著减少，进而使屋顶下室内空间的热量相应减少，室内温度上升速度减慢，相同情况下，平改坡屋顶比平屋顶的室内热舒适度得到改善。

对封闭式平+坡屋顶而言，太阳辐射可通过坡屋顶传导后加热下部的空气。加热后的空气因为不流通或流通速度较慢，热量不断聚集，继续加热周边墙体和下层屋面，随着时间的推移，空气层温度不断上升，热量继续向下传递，进入室内。因为空腔中的墙壁吸收并积蓄了空气中的部分热量，所以热量在空气层中停留的时间更长，热量传导到室内的时间也被延长。因此封闭式平+坡屋顶相对于普通平屋顶，其室内温度上升的时间会推迟，但高温持续的时间将延长。这在冬季是有利的；然而在夏季有可能导致下午室内热舒适度降低，并且夜间温度较高。

开敞式平+坡屋顶可以改善以上情况，因为屋顶上有通风口，所以热量不会在空气层中聚集而是被散开；同时，因为周边墙体蓄热，使传导和辐射进入室内的热量显著减少，夏季室内热舒适度相比封闭式平+坡屋顶明显提高。

2.3 不同屋顶形式下的室内热舒适实测

1. 实测目的

实测的目的是获取室内、外热环境参数，以及农房屋顶各构造层表面温度，为分析不同屋顶对室内热环境影响提供依据。

2. 实测方式

实测时间为2018年8月21日上午8:00至26日上午8:00，地点为陕南地区宁强县汉源镇某安置点，对象为坡屋顶（4号农房）、平屋顶（3号农房）和平+坡屋顶（2号农房）当代农房各一套，其相对位置如图2-14所示。

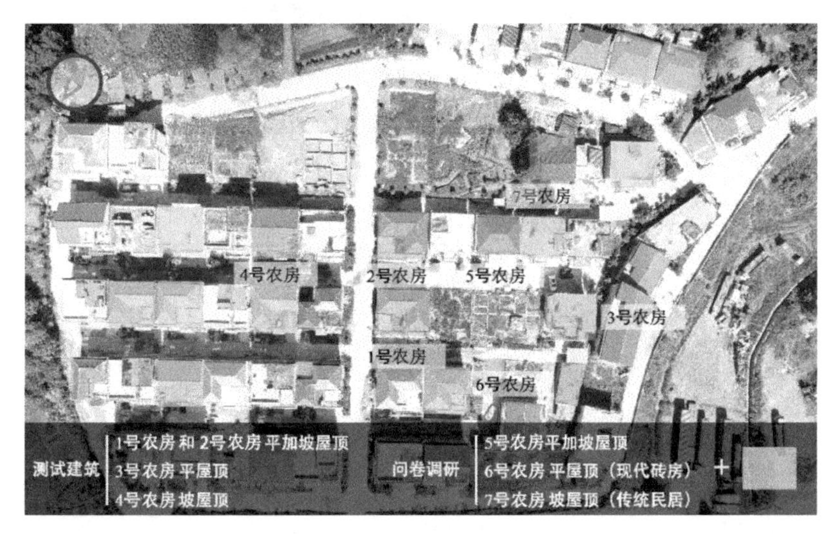

（a）

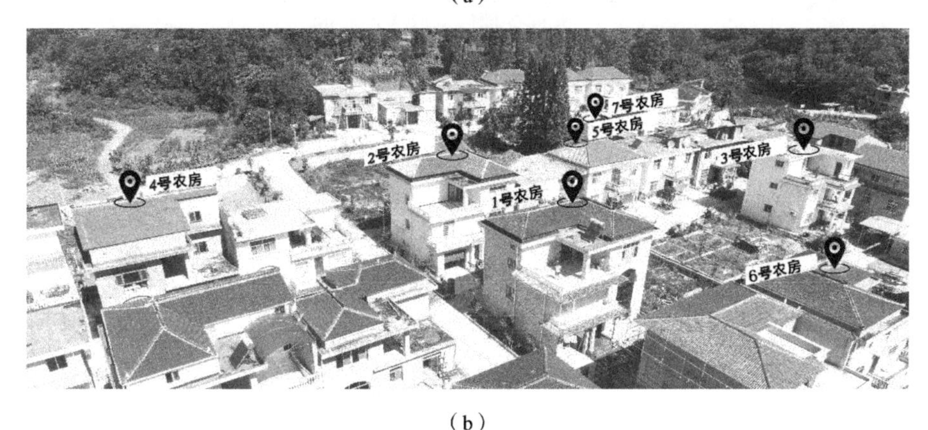

（b）

图 2-14　宁强县汉源镇某安置点
（a）正俯视照片；（b）鸟瞰照片

实测区域、位置和使用仪器如表 2-5所示。这里主要显示2号农房（封闭式平+坡屋顶）、3号农房（平屋顶）和4号农房（坡屋顶）的对比内容。实测过程中所测房间门窗均处于开敞状态，目的是对比自然状态下，屋顶对室内热环境的影响。

表 2-5　实测项目和内容清单

项　目	实测区域	实测位置		使用仪器
1号农房和2号农房	平+坡屋顶	空气层温湿度		温湿度记录仪
		坡屋顶层上、下表面温度		表面温度仪
		平屋顶层上、下表面温度		
	外墙	北向外墙内、外表面温度		
		西向外墙内、外表面温度		
	外窗	北向外窗内、外表面温度		
	实测房间室内	热环境参数	温度	温湿度记录仪
			湿度	
			黑球温度	黑球温度仪
			风速	室内热环境测试仪
3号农房	平屋顶	平屋顶层上、下表面温度		表面温度仪
	外墙	北向外墙内、外表面温度		
		西向外墙内、外表面温度		
	外窗	北向外窗内、外表面温度		
	实测房间室内	热环境参数	温度	温湿度记录仪
			湿度	
			黑球温度	黑球温度仪
			风速	室内热环境测试仪
4号农房	坡屋顶	坡屋顶层上、下表面温度		表面温度仪
	外墙	北向外墙内、外表面温度		
		西向外墙内、外表面温度		
	外窗	北向外窗内、外表面温度		
	实测房间室内	热环境参数	温度	温湿度记录仪
			湿度	
			黑球温度	黑球温度仪
			风速	室内热环境测试仪
室外	室外	热环境参数	温度	温湿度记录仪
			湿度	
			黑球温度	黑球温度仪
			风速	室内热环境测试仪

3. 测试仪器（见图2-15，表2-6）

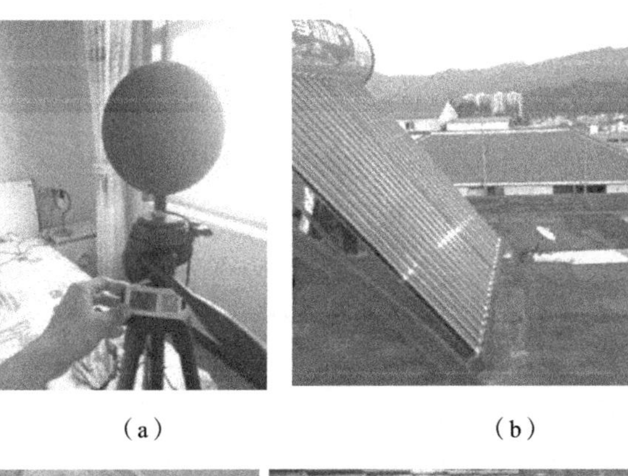

（a） （b） （c）

（d） （e）

图 2-15 测试仪器示意图

（a）黑球温度仪；（b）太阳辐射测试仪；（c）室内热环境测试仪；
（d）温湿度记录仪；（e）表面温度仪

表 2-6 测试仪器信息表

<table>
<tr><th>编　号</th><th colspan="2">测试仪器</th><th>量　程</th><th>测试精度</th></tr>
<tr><td>1</td><td colspan="2">黑球温度仪/天建华仪HO2T-1</td><td>−20℃～80℃</td><td>± 0.3℃</td></tr>
<tr><td>2</td><td colspan="2">温湿度记录仪/UX100-003</td><td>−20℃～70℃</td><td>± 0.21℃</td></tr>
<tr><td>3</td><td colspan="2">太阳辐射测试仪/JTR05</td><td>0～2 000 W/m^2</td><td>7～14 mV/（kW · m^2）</td></tr>
<tr><td>4</td><td colspan="2">表面温度仪/SSN-61</td><td>−35℃～80℃</td><td>± 0.3℃</td></tr>
<tr><td rowspan="3">5</td><td rowspan="3">室内热环境测试仪/Delta OHM</td><td>风速/AP3203.2</td><td>0～5 m/s</td><td>± 0.05 m/s</td></tr>
<tr><td>黑球温度/TP3276.2</td><td>−10℃～100℃</td><td>Class 1/3 DIN</td></tr>
<tr><td>HP/3217.2R</td><td>0～100%</td><td>± 2.5%</td></tr>
</table>

4. 实测过程

选取三栋农房西北向三层房间作为实测房间（见图 2-16）。

（a）（b）（c）

图 2-16 实测建筑外观

（a）2号农房；（b）3号农房；（c）4号农房

实测始于8月21日8:00，结束于8月26日8:00，共计5天。室内温湿度和黑球温度测试高度为1.4 m。所有仪器在指定的时间启动并同时开始记录。除太阳辐射数据记录为每20分钟1次外，其余数据记录间隔均为每10分钟1次。实测房间为卧室（见图 2-17），实测时室内有人员活动，数量为1人，均为夜间9:00—10:00之间进入卧室，早上7:00之前离开。因当地人习惯将门窗打开睡觉，所以实测房间窗户开启。测试仪器在室内居中位置，实测过程仪器运转正常；期间有一次强降雨，对其中一个表面温度测试仪造成较严重影响，发现后，对该仪器进行了更换。黑球温度仪有时会因为影响人员活动而被挪动，但基本不影响实测数据。在1号农房的三层室外阴凉处设置了室外热环境参数测试仪器。

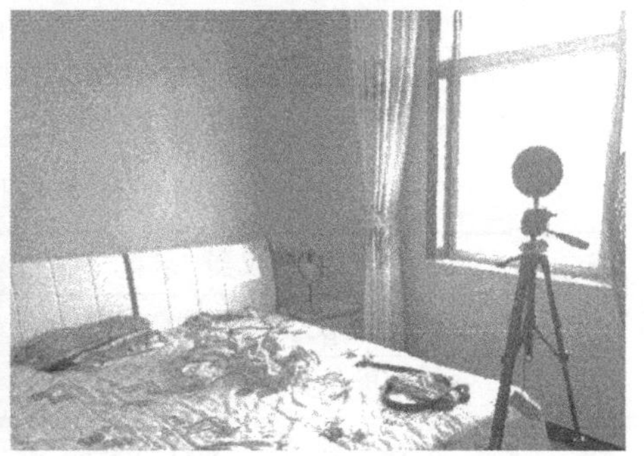

图 2-17 实测现场

5. 实测结果

实测结果显示当地户外最高温度一般出现在14:00—15:00之间，最低温度出现在6:00—7:00之间。8月21日8:00到26日8:00之间室外平均温度为26.2℃，最高温度为34.4℃，最低温度为20.7℃，平均湿度为64.9%，最大湿度为

88.6%，最小湿度为35.6%。三组测试农房室内温度时比，如图2-18所示。

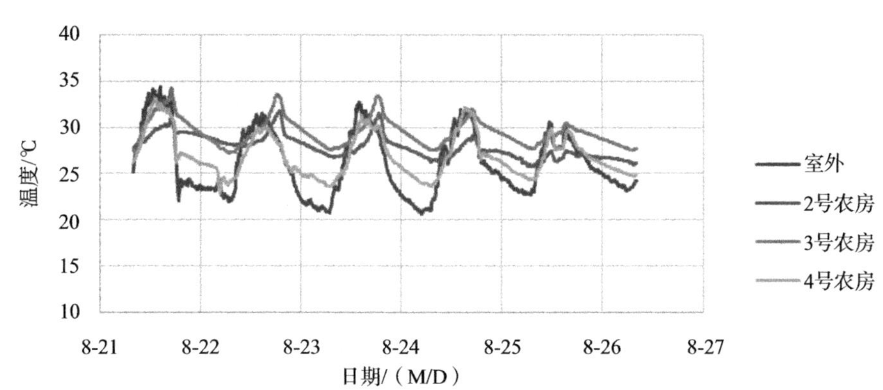

图 2-18　三组实测农房室内温度对比图

实测时天气状况如表 2-7所示。

表2-7　实测期间的天气状况

日期	8月21日	8月22日	8月23日	8月24日	8月25日	8月26日
天气	阴转小雨	多云转晴	晴转多云	多云	多云 13:00有阵雨	多云转晴

（1）封闭式平+坡屋顶

封闭式平+坡屋顶实测时间内室内平均温度为27.9℃，最高温度为31.8℃，最低温度为25.8℃，平均湿度为60.5%，最大湿度为73.3%，最小湿度为25.8%。其最高温度出现的时间段与平屋顶接近，最低温度出现的时间范围是8:00—9:00之间，室内温度变化相比平屋顶推迟近1个小时。实测期间太阳辐射强度及室外无遮蔽处温度情况，如图 2-19所示。

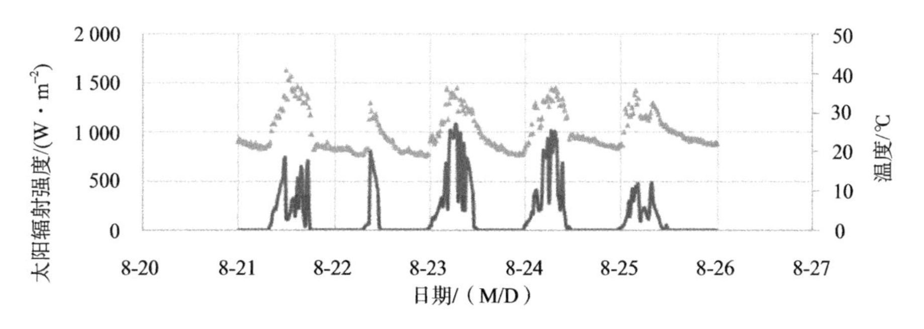

图 2-19　太阳辐射强度及室外无遮蔽状态下的空气温度

封闭式平+坡屋顶各表面温度、内部空气层及室外遮阴处温度如图 2-20所示。可以看出，封闭式平+坡屋顶上下表面温差较大。其中，坡屋顶采用琉璃瓦，受热升温很快。在太阳照射情况下，温度可达56℃左右，远高于周边空气温度。从热传递路径可以看出，封闭式平+坡屋顶的坡屋顶部分最先受热并且温度迅速上升，之后平屋顶部分也受热升温，当平屋顶受热饱和之后将热量传递到室内。热量从太阳辐射经过多次转化和传导，到达室内时，其能量已得到极大衰减。各表面及位置的温度见表2-8。

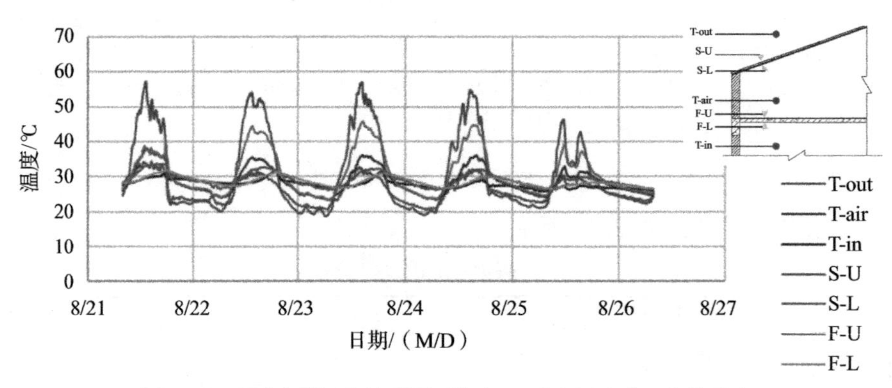

图 2-20　2号农房封闭式平+坡屋顶各表面空气层及室外温度关系图

注：T-out表示环境温度，T-air表示空气层温度，T-in表示室内温度，S-U表示坡屋顶上表面温度，S-L表示坡屋顶下表面温度，F-U表示平屋顶上表面温度，F-L表示平屋顶下表面温度。

表 2-8　封闭式平+坡屋顶各表面及位置的温度

表面/位置	平均温度/℃	最高温度/℃	发生时间	最低温度/℃	发生时间	昼夜温差/℃
S-U	30.96	57.3	13:10	18.7	6:20	38.6
S-L	29.16	33.8	15:40	26.1	7:00	7.7
T-air	28.89	38.1	13:20	23.5	7:00	14.6
F-U	31	45.9	14:30	23.4	6:50	22.5
F-L	28.41	31.9	17:30	26.3	8:50	5.6
T-in	27.94	31.7	18:50	25.8	7:00	5.9
T-out	26.21	34.4	14:30	20.7	6:50	13.7

从表2-8屋顶各构造层的表面温度及其发生时间可以看出，封闭式平+坡屋顶的坡屋顶层受热和散热最快，昼夜温差最大。受热时屋顶内部空气层及平屋顶上表面受热升温趋势与坡屋顶瓦受热情况一致。空气层温度上升时，变化趋势与坡屋顶上表面温度变化基本一致；下降时，受到周边蓄热体的影响，空气层温度下降略缓。平屋顶上表面达到最高温度的时间相对于空气层有所延迟，最低温度出现的时间和空气层一致，可见，平屋顶的散热对空气层温度的保持起到了重要的作用。平屋顶下表面最高温度相比平屋顶上表面低，且出现时间显著延迟，这和平屋顶混凝土材质具有较好蓄热能力及热在传输过程中的损耗有关；平屋顶下表面最低温度相比上表面更高，出现时间也有明显延迟，和平屋顶下表面聚集了室内热空气，热量能够维持更长时间有关。室内温度和平屋顶下表面温度之间有较多一致性，一方面是最高温度出现的时间和数值较为一致，另一方面最低温度出现的时间也较为一致，但室内温度相比平屋顶下表面温度更低，与空气受热慢，及四面墙壁和地面辐射有关。白天实测时，室内空气流速基本维持在0～0.04 m/s，几乎可以忽略不计。夜间活动人员会开启风扇降温，因此室内温度和屋顶下表面温度较为接近。

分析数据可以得到一个规律，即封闭式平+坡屋顶室内空气温度与其平屋顶下表面温度有着紧密的联系，减少平屋顶上表面得热，即可有效降低屋顶下表面温度，进而降低室内温度；反之，如果需要增加室内温度，则应增加平屋顶上表面温度或者延长蓄热时间。

（2）平屋顶

平屋顶室内温湿度变化趋势与室外有明显不同，其室内平均温度为29.5℃，最高温度34.2℃，最低温度为27.0℃。平均湿度为55.6%，最大湿度为69.5%，最低湿度为39.2%。最高温度出现时间为17:30—19:00，相比室外最高温度出现时间延迟3～4小时。最低温度出现时间比室外延迟约1小时，为上午7:30—8:00之间。平均温度比室外高3.3℃，平均湿度比室外低约9.3%。

平屋顶上下表面温度及室内外温度如图2-21所示。可以看出，平屋顶上下表面温差较小，下表面温度较高。同时，平屋顶上下表面受热温度上升十分明显，下表面温度上升的时间相比上表面有所延迟。上表面温度达到最大值的时间，比环境温度达到最大值的时间提前。达到最大值后，上表面温度会维持一段时间，之后随着太阳辐射减弱、环境温度下降而逐渐下降。

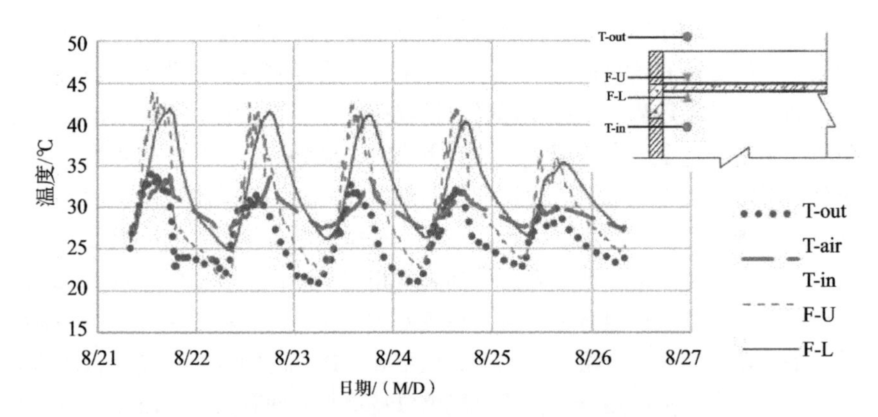

图 2-21　平屋顶各表面温度及室内外温度关系图

注：T−out表示环境温度，T−in表示室内温度，

F−U表示平屋顶上表面温度，F−L表示平屋顶下表面温度。

平屋顶室内温度相比屋顶下表面温度明显较低，与室内存在自然通风有关，也与周边墙壁的冷辐射有关。但是室内温度上升和下降的趋势以及达到最高温度和最低温度的时间与屋顶下表面情况基本一致，显示屋顶下表面温度对室内温度变化有着十分重要的影响（见表2-9）。

表 2-9　平屋顶各表面温度及室内外温度

表面/位置	平均温度/℃	最高温度/℃	发生时间	最低温度/℃	发生时间	昼夜温差/℃
F-U	30	44.1	13:10	21.5	6:20	22.6
F-L	32.3	42	17:20	24.8	8:30	17.2
T-in	29.5	34.3	17:10	27.1	8:50	7.2
T-out	26.21	34.4	14:30	20.7	6:50	13.7

（3）坡屋顶

坡屋顶室内温度和湿度变化的趋势与室外基本一致。室内平均温度为27℃，最高温度为33.2℃，最低温度为22.9℃。平均湿度为64.9%，最大湿度为79.7%，最低湿度为41.9%。坡屋顶内部最高温度和最低温度与室外几乎同一时间出现。室外平均湿度和室内平均湿度基本一致。

所测坡屋顶上表面温度为琉璃瓦上表面温度，下表面温度为木椽子温度。可以看出，坡屋顶上下表面温度差相对较大。其中，琉璃瓦受热升温快，温度变化幅度较大，而木椽子因材质原因，受热升温较慢，且不受阳光直射，温度显著低于琉璃瓦表面温度。坡屋顶室内通风效果较好，因此室内温度和环境温度接近，仅略高于环境温度（见图2-22，表2-10）。

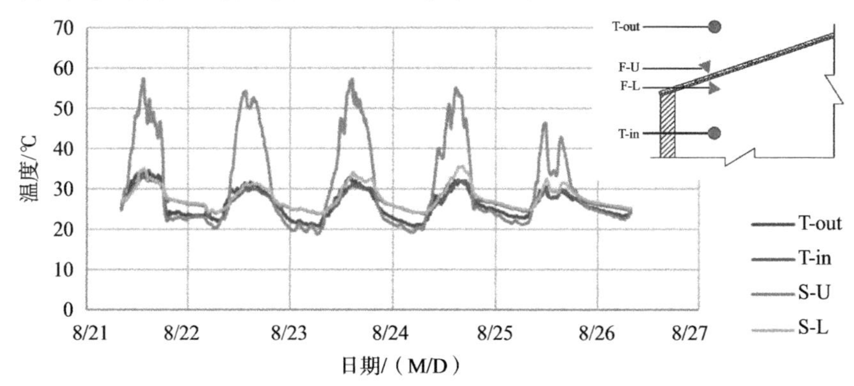

图 2-22　4号农房坡屋顶各表面及室外温度关系图

注：T-out表示环境温度，T-in表示室内温度，

S-U表示坡屋顶上表面温度，S-L表示坡屋顶下表面温度。

表 2-10　坡屋顶各表面温度及室内外温度

表面/位置	平均温度/℃	最高温度/℃	发生时间	最低温度/℃	发生时间	昼夜温差/℃
S-U	31	57.3	13:10	18.7	6:20	38.6
S-L	27.8	35.5	16:10	23.8	7:00	11.7
T-in	27	33.2	13:30	22.9	6:40	10.3
T-out	26.2	34.4	14:30	20.7	6:50	13.7

对比三栋农房室内温度和屋顶各构造层表面温度，可以看出：

1）坡屋顶及平+坡屋顶的琉璃瓦受热升温快，会通过辐射传热的方式加热附近空气，当附近空气流速较大时，可以带走部分热量，当附近空气流速较小时，热量会在屋顶附近聚集，并通过传导和辐射等方式加热附近的物体和空间。

2）平屋顶及平+坡屋顶中的混凝土屋顶板具有一定的蓄热能力和延迟高温到达的能力，其下表面温度对室内温度有直接影响。

3）封闭式平+坡屋顶下的室内平均温度比坡屋顶下的室内平均温度更高，昼夜温差更小；比平屋顶下的室内平均温度更低，昼夜温差更小；平屋顶比坡屋顶下的室内平均温度更高，昼夜温差更小。

4）材料的蓄热能力及空间的通风情况是影响室内温度的重要因素。

混凝土预制或现浇平屋顶蓄热能力较好，能够更好地维持室内温度的稳定；坡屋顶的通风能力较好，能更好地为室内降温。

基于前文分析，后续主要针对相对更加适合陕南地区气候特征的坡屋顶及平+坡屋顶，探讨屋顶构造的优化设计。

2.4 坡屋顶构造优化设想及其节能效果模拟验证

2.4.1 坡屋顶构造的优化设想

根据《农村居住建筑节能设计标准（GB/T 50824—2013）》，夏热冬冷地区农村居住建筑屋顶的传热系数K（$W/m^2 \cdot K$）、热惰性指标D应符合$K \leqslant 1.0$，$D \geqslant 2.5$；$K \leqslant 0.8$，$D < 2.5$。标准提出夏热冬冷地区农村居住建筑屋面保温构造的形式和保温材料厚度，如表2-12所示。相对陕南地区既有坡屋顶农房，该做法主要增加了一个保温层。这种屋顶保温做法符合陕南地区实际情况，构造简单实用，具有较强的可操作性。本书主要参照该做法对陕南地区农房坡屋顶构造进行优化分析。

表 2-12 木屋架坡屋面保温构造做法[7]

名 称	构造简图	构造层次		保温材料厚度/mm
木屋架坡屋面		1—屋面板或屋面瓦		——
		2—木屋架结构		
		3—保温层	锯末、稻壳等	80
			WPS板	60
			XPS板	40
		4—棚板		——
		5—吊顶层		——

为了验证这种坡屋顶构造方式的节能效果，利用EnergyPlus软件进行对比模拟分析，分别得出采用此种优化构造方法前后的节能效果。

2.4.2　坡屋顶优化构造节能效果的模拟验证

1. 模型设定和条件

首先利用基于SketchUp的Open Studio，构建形成方案1的坡屋顶实验模型（见图2-23）。软件模拟设置信息及优化前后的建筑构造信息如表2-13及表2-14所示，各种建筑材料的物理计算参数如表2-15所示。在仿真模拟过程中，选用EnergyPlus软件下载的汉中市气象数据。模拟对比在改造前后不使用采暖和制冷设备的情况下，屋顶内的温度和夏季（6—8月）使用空调且维持室内温度为26℃、冬季（12月—次年2月）维持室内温度为18℃时的能耗对比。模型设置为每个卧室的活动人员数量皆为1人。

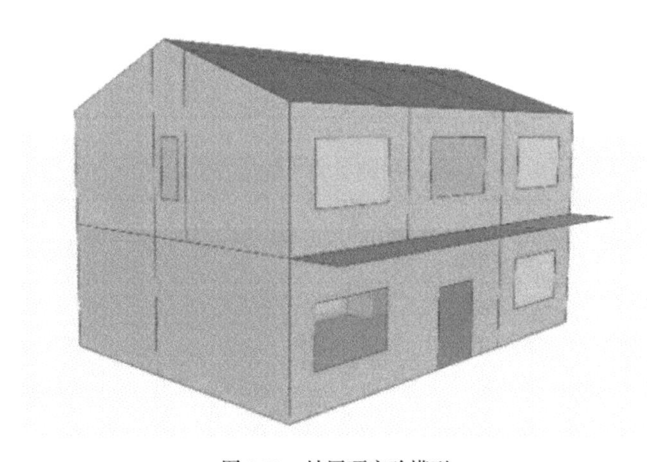

图 2-23　坡屋顶实验模型

表 2-13　软件模拟的基本信息设置

项　目	单　位	值	项　目	单　位	值
位置		乡村	海拔	m	810
区域		陕西，汉中	计算日	M/D	7/21 & 1/21
经度	deg	33.07	表面对流算法：内部		TARP
纬度	deg	107.03	表面对流算法：外部		DOE-2
时区	hr	8	计算间隔	min	10

表 2-14　建筑构造的信息

构　造	既有坡屋顶农房构造	优化坡屋顶农房构造
屋顶构造	20 mm琉璃瓦屋面+15 mm木椽子	20 mm琉璃瓦屋面+15 mm木椽子层+ 40 mmXPS保温板+10 mm石膏天花板
墙体构造	5 mm外墙防水涂料层+10 mm找平层+240 mm页岩砖墙+10 mm抹灰	5 mm外墙防水涂料层+10 mm找平层+240 mm页岩砖墙+10 mm抹灰
楼板构造	10 mm找平层+100 mm现浇混凝土+15 mm抹灰	10 mm找平层+100 mm现浇混凝土+15 mm抹灰
外窗构造	铝合金中空玻璃窗（3+8+3）	铝合金中空玻璃窗（3+8+3）

表 2-15　建筑材料物理计算参数[7]

材料名称	干密度ρ_0 kg/m^3	导热系数λ W/(m・K)	比热容c KJ/(kg・K)
钢筋混凝土	2 500	1.74	0.92
水泥砂浆	1 800	0.93	1.05
腻子	1 500	0.76	1.05
页岩砖	1 500	0.81	1.05
防水涂料	600	0.71	1.47
琉璃瓦	1 920	1.59	1.26
木板	500	0.15	2 510
XPS板	35	0.03	1.38
纸面石膏板	1 100	0.31	1.16

2. 模拟结果与分析

仿真模拟自然状态下坡屋顶建筑在改造前后的室内温湿度。为了便于分析，选取二层中部南北向卧室作为对比分析对象，南向卧室仅接受南向太阳辐射，而北向卧室不受太阳直接辐射（见图 2-24）。对比时间为夏季（6—8月）和冬季（12月—次年2月）整个周期，对比内容为室内平均温度，结果如表 2-16所示。为了更加清晰地表示两者之间的区别，分别选取大寒日和大暑日进行模拟（见图2-25）。结果显示，自然状态下坡屋顶构造优化后能够在夏季为屋顶下南向卧室降低0.34℃，为北向卧室降低0.43℃。在冬季为屋顶下南向卧室提高2.55℃，为北向卧室提高1.5℃。同时，屋顶构造优化后室内温度波动减小。

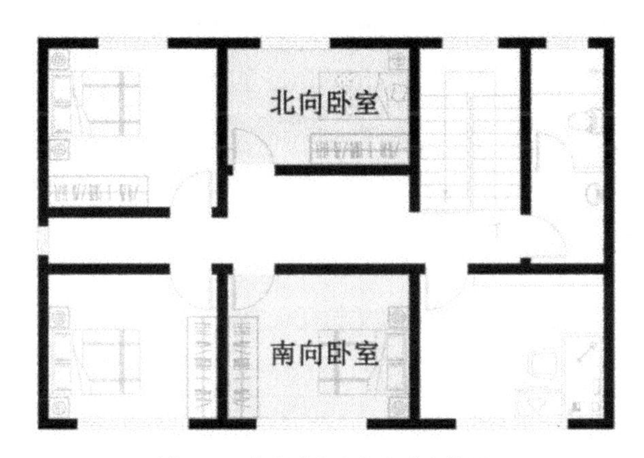

图 2-24　南向卧室和北向卧室位置

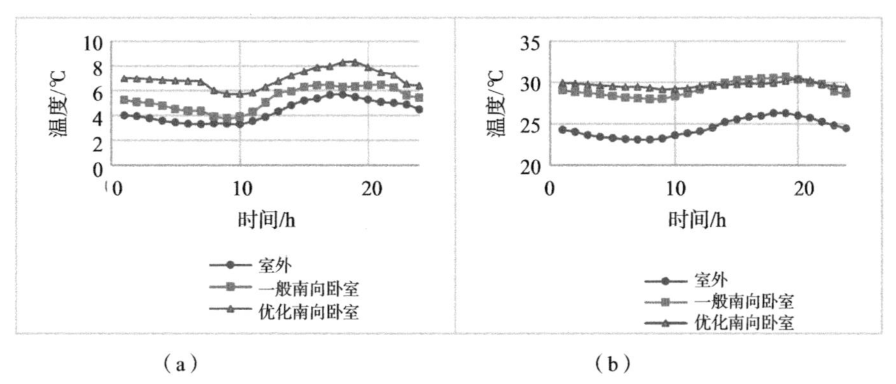

图 2-25　南向卧室温度变化
（a）大寒日情况；（b）大暑日情况

表 2-16　自然状态下坡屋顶构造优化前后室内平均温度模拟结果对比

平均内温度单位：℃

季　节	室　外	既有构造屋顶		优化构造屋顶	
		南向卧室	北向卧室	南向卧室	北向卧室
夏季	24.69	29.84	29.36	29.5	28.03
冬季	3.73	6.93	5.27	9.48	6.77

模拟同时对比分析了使用夏季制冷和冬季采暖设备条件下，南北向卧室的能耗情况。

结果显示（见表2-17），屋顶设置保温构造后，制冷及采暖能耗显著降低。其中南向卧室屋顶构造优化后制冷能耗降低62.9%，采暖能耗降低45.6%。北向卧室屋顶构造优化后制冷能耗降低57.6%，采暖能耗降低40.3%。由此可见，坡屋顶设置保温层构造后，采暖和制冷能耗都得到显著降低。南向卧室能耗降低的幅度比北向卧室更大。

表 2-17　制冷和采暖条件下坡屋顶构造优化前后室内年单位面积能耗模拟结果

单位：kW · h/m²

季　节	既有构造屋顶		优化构造屋顶	
	南向卧室	北向卧室	南向卧室	北向卧室
夏季	137.76	129.9	51.06	55.1
冬季	171.08	206.83	93.13	123.47

总体而言，以上模拟结果显示，坡屋顶采用优化构造后，在自然状态下，冬季及夏季室内温度均有改善，冬季改善更加明显。在夏季制冷和冬季采暖条件下，坡屋顶采用优化构造后，室内制冷及采暖能耗显著降低，节能效果明显。

2.5　平+坡屋顶构造优化设想及其节能效果模拟验证

2.5.1　平+坡屋顶构造的优化设想

优化平+坡屋顶构造的目的，是对其夏季隔热、自然通风和冬季保温性能同时进行提升。现有平+坡屋顶主要有两种形式，即封闭式和开敞式。封闭式平+坡屋顶的冬季保温性能相对较好，而开敞式平+坡屋顶的夏季隔热性能相对较好。对平+坡屋顶构造的优化设想是将两者的优点进行组合，并对其平屋顶部分保温性能进行强化。封闭式平+坡屋顶的现有做法及优化设想如图2-26所示。

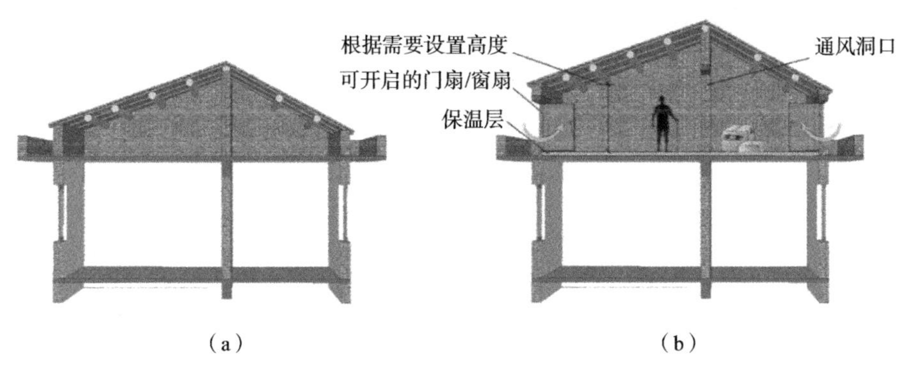

图 2-26　封闭式平+坡屋顶改造简图
（a）现有做法；（b）优化做法构想

改造封闭式平+坡屋顶，首先增加平+坡屋顶的高度，增加的高度值可以根据用户的需求决定，当用户需要屋顶内部空间用于储存时，此空间应高一些；当用户不使用屋顶内部空间时，其高度可以低一些。在夏季迎风及背风方向的屋顶外墙分别设置通风洞口，为洞口设置可开启的门扇或窗扇，选用当地简单易行的构造做法即可。如果前后两个通风洞口之间有隔墙，则应在隔墙上也设置洞口。屋顶外墙洞口大小，应满足屋顶内部通风需求；屋顶内部隔墙洞口应方便人穿行并与外墙洞口尽量正对。洞口设置的目的主要在于控制屋顶空腔内部的空气流动。最后在平+坡屋顶的平屋顶层上部设置保温层，增加其保温隔热能力，由此即可得到一个夏季利用通风和遮阳为室内降温，冬季利用保温减少采暖能耗的平+坡屋顶构造优化方案。

优化后的平+坡屋顶，在夏季时应开启屋顶所有通风洞口，使屋顶内部空气流通，避免热量聚集，同时减少太阳辐射热传导至下部房间，夜间不需要改变屋顶门扇的开闭状况，只需在炎热的夏季到来时打开操作一次即可，开启状态可维持一个夏季。冬季时则应关闭通风洞口，减少屋顶内部空气流通。白天，屋顶受热快，热量向屋顶内部传递并不断聚集，逐步加热屋顶内墙体等蓄热材料，减少下部房间从屋顶方向损失热量。夜间，墙体等蓄热材料向屋顶内部释放热量，维持屋顶空气层温度，同时减少从屋顶散失的热量，进而减少室内采暖能耗（见图2-27）。

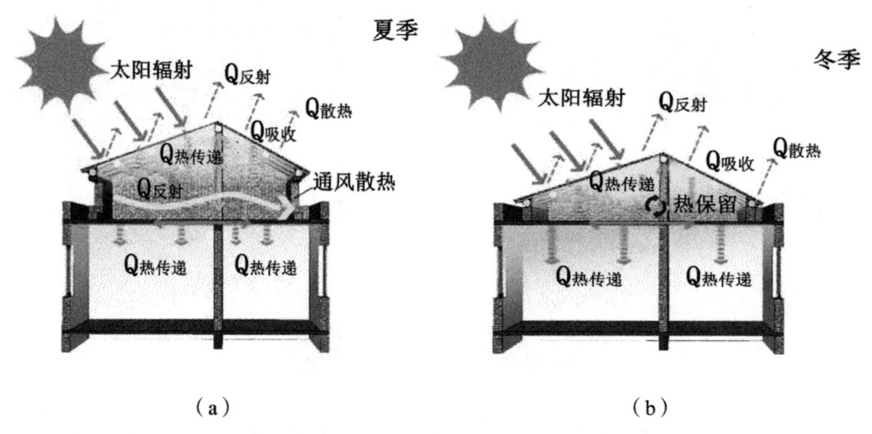

（a） （b）

图 2-27 平+坡屋顶优化构造工况图
（a）夏季工况图；（b）冬季工况图

条件允许的情况下，可以将部分平+坡屋顶的瓦片换成可透光材料，使冬季阳光能够照射到屋顶的蓄热材料，加快屋顶内部温度上升，其原理类似阳光间；夏季时则需要对屋顶透光材料进行遮阳处理。另外，屋顶内的墙体材料可以使用蓄热性能较好的材料，例如实心页岩砖，以尽可能减少内部空气温度的波动。

2.5.2 平+坡屋顶优化构造节能效果的模拟验证

1. 模拟软件

使用EnergyPlus能耗模拟软件进行建筑能耗仿真模拟，使用Phoenics通风模拟软件对平+坡屋顶内部空气层的通风状况进行仿真模拟。

2. 相关设置

模拟验证选用EnergyPlus官网提供的汉中市气象数据。外墙、楼板和外窗构造、模拟软件基本参数、建筑材料物理计算参数、各房间人员活动参数、夏季制冷和冬季采暖温度等基本数据均与2.4.2节坡屋顶优化构造仿真模拟的设定一致。模拟目的是对比分析封闭式平+坡屋顶构造优化前后的节能性能。因此现有封闭式平+坡屋顶的模拟数据为参考值，优化后的模拟数据为对比值。模拟内容为屋顶下方室内温度和能耗。构造优化前后的基本模型如图2-28所示，优化前后构造对比详见表 2-18。

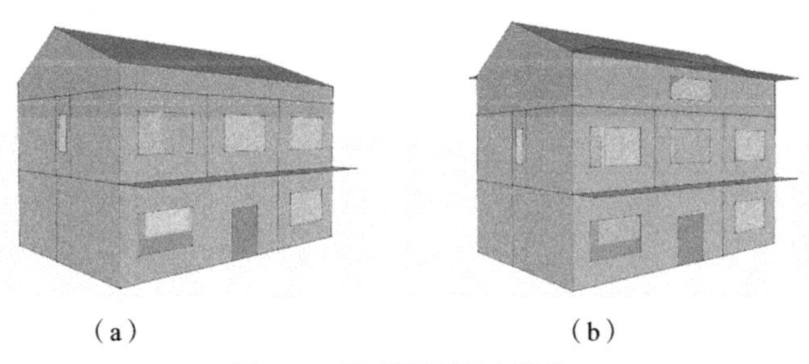

图 2-28　平+坡屋顶基本模型
（a）现有做法；（b）优化做法

表 2-18　既有平+坡屋顶构造及优化后的平+坡屋顶构造对比

构　造		现有平+坡屋顶农房构造	优化平+坡屋顶农房构造
屋顶构造	坡屋面层	20 mm琉璃瓦屋面+15 mm木椽子	20 mm琉璃瓦屋面+15 mm木椽子
	平屋面层	10 mm水泥砂浆+100 mm钢筋混凝土+15 mm抹灰	10 mm水泥砂浆+50 mmXPS保温板+10 mm粘接砂浆+100 mm钢筋混凝土+15 mm抹灰
	空气层高度	800～2 200 mm	2 000～3 400 mm
墙体构造		5 mm外墙防水涂料层+10 mm找平层+240 mm页岩砖墙+10 mm抹灰	5 mm外墙防水涂料层+10 mm找平层+240 mm页岩砖墙+10 mm抹灰
楼板构造		10 mm找平层+100 mm现浇混凝土+15 mm抹灰	10 mm找平层+100 mm现浇混凝土+15 mm抹灰
外窗构造		铝合金中空玻璃窗（3+8+3）	铝合金中空玻璃窗（3+8+3）

对现有平+坡屋顶进行三项主要优化，即增加屋顶高度，为平屋面层增设保温材料，在平+坡屋顶外墙部位设置窗洞口。

（1）平+坡屋顶增加高度的优化效果验证分析

基于现有平+坡屋顶的基本模型，将坡屋顶周边墙体部分的高度（即屋顶内部层高最低处）设置为三个数值，即800 mm，1 300 mm和1 800 mm。其中800 mm为当地封闭式平+坡屋顶设置的一般高度，1 800 mm接近一个人站立的高度，另选取一个中间值以验证其变化趋势。选取二层南向卧室和北向卧室在夏季（6—8月）和冬季（12月—次年2月）的温度及能耗作为对比分析内容，结果见表2-19和表2-20。

表2-19　平+坡屋顶不同墙体高度对夏季和冬季室内温度的影响

墙体部分高度	夏季室内平均温度/℃		冬季室内平均温度/℃	
	南向卧室	北向卧室	南向卧室	北向卧室
800 mm	29.37	28.92	7.81	6.19
1 300 mm	29.30	28.85	7.79	6.19
1 800 mm	29.24	28.79	7.85	6.18

表 2-20　平+坡屋顶不同墙体高度对夏季制冷和冬季采暖能耗的影响

墙体部分高度	夏季制冷单位面积能耗/（kW·h·m^{-2}）		冬季采暖单位面积能耗/（kW·h·m^{-2}）	
	南向卧室	北向卧室	南向卧室	北向卧室
800 mm	63.23	65.96	128.21	159.24
1 300 mm	62.44	65.21	128.96	160.08
1 800 mm	62	65.02	129.62	160.83

从模拟结果可以看出，改变平+坡屋顶高度使两个房间的夏季室内温度均有所降低，但是降低幅度微小，这一规律在冬季也同样存在。改变平+坡屋顶高度对两个房间夏季制冷和冬季采暖的单位面积能耗也有一定影响，其中夏季制冷能耗有所减少，而冬季采暖能耗有所增加，但影响幅度不大，说明改变封闭式平+坡屋顶的高度对屋顶隔热保温性能影响不大。因此在进行平+坡屋顶建设时，其高度可以根据需要进行适当调整而不会显著影响其节能效果。

（2）平+坡屋顶外墙部位设置窗洞口的优化效果验证分析

因为屋顶高度对其节能效果影响并不明显，后文以1 800 mm墙体高度为例讨论南北向开设窗洞口对屋顶节能效果的影响。这一高度可以上人，实用性较强，因此更具有讨论的价值。

从有利于通风的视角考虑，平+坡屋顶的窗洞口位置设置在南北向墙体上。开口面积比即窗洞口面积与其所在外墙面积之比。仿真模拟的目的在于分析窗洞口大小对屋顶节能效果的影响，同时与不设窗洞口的情况进行比较。

将以汉中地区夏季主导风向即西南风，作为模拟的风向条件，风向值为210°，风速选取当地夏季平均风速，即1.5 m/s。利用Phoenics软件模拟环境风场和平+坡屋顶内部风场分布情况，计算采用软件所提供的Chen-Kim K-ε湍流模型。该模型计算成本低，在数值计算中波动小，精度高，广泛应用在低速湍流数值模拟，并且得到了大量工程应用的验证，可靠性较高。以宁强县某农房安置点小区为例，利用Phoenics软件计算小区的风场分布情况，通过实验得出普遍的低层住户前后风压差值，将得出的风压差用于农房屋顶内部通风计算，得出外墙设置了窗洞口的屋顶内部通风情况和换气次数（见表2-22），将换气次数值代入EnergyPlus，模拟屋顶内部不同换气次数对该屋顶下部房间室内温度及能耗的影响。

表 2-22　换气次数计算结果

开口面积比	10%	20%	30%	40%	50%
开口面积 / m^2	2.2	4.4	6.6	8.8	11.0
换气次数/（次 · h^{-1}）	3.5	19.2	55.3	76	186.7

首先利用SketchUp软件建立安置点小区建筑模型，使用Phoenics的Flair模块计算小区在夏季主导风向和平均风速情况下的风场分布情况，计算时，屋顶外部风环境粗糙值设定为0.16，内部风环境粗糙值设定为0.18。在夏季平均风速和最大风向条件下，小区风速和风压分布情况如图 2-29所示。统计显示屋顶高度，即10m左右高度建筑前后风压差大约为0.48～0.83 Pa。后续计算时使用0.5 Pa作为屋顶部位前后风压差。将这一风压差值代入进行下一步计算。

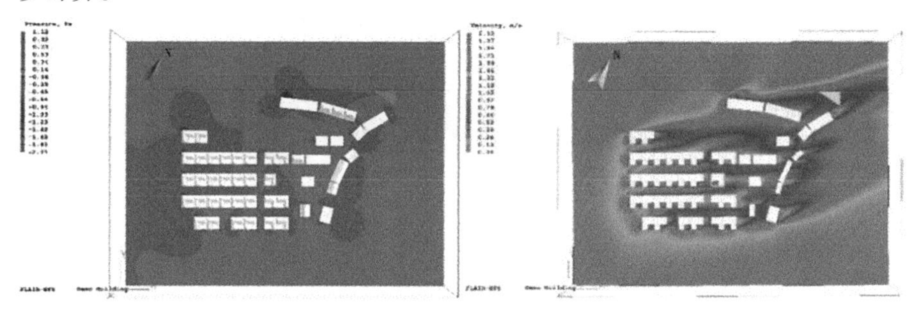

图 2-29　安置点小区夏季风速（左）和风压（右）分布图

使用Phoenics软件的Flair模块进行下一步计算。首先建立平+坡屋顶模型（见图2-30），并为该屋顶的前后窗洞口添加0.5 Pa风压差。比较在相同风压差情况下，不同窗墙比条件下平+坡屋顶内部空气层风速和换气次数的关系。其中，风速和换气次数均选择0.9 m高度处的值。

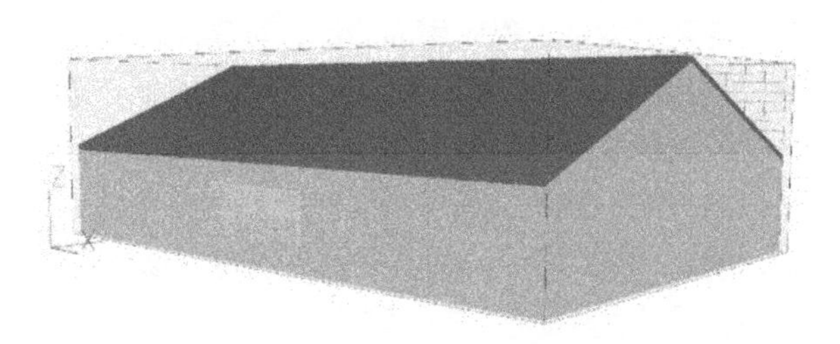

图 2-30　基于Phoenics建立的平+坡屋顶仿真模型

表 2-21　不同开口面积比对应屋顶内部空气层风速的模拟结果

开口面积百分比	模拟结果
10%	Velocity, m/s 0.0596 0.0559 0.0521 0.0484 0.0447 0.0410 0.0372 0.0335 0.0298 0.0261 0.0224 0.0186 0.0149 0.0112 0.0075 0.0038 0.0000 Probe value 0.005420 Average value 0.004787 FLAIR
20%	Velocity, m/s 0.0650 0.0609 0.0569 0.0528 0.0487 0.0447 0.0406 0.0366 0.0325 0.0285 0.0244 0.0204 0.0163 0.0122 0.0082 0.0041 0.0001 Sweep 900 Probe value 0.012215 Average value 0.011846 FLAIR
30%	Velocity, m/s 0.182 0.170 0.159 0.148 0.137 0.125 0.114 0.103 0.092 0.080 0.069 0.058 0.046 0.035 0.024 0.013 0.001 Sweep 900 Probe value 0.044253 Average value 0.046034 FLAIR

续表

开口面积百分比	模拟结果
40%	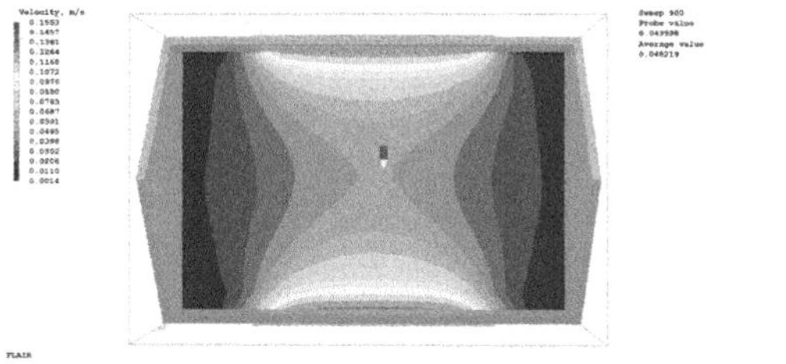
50%	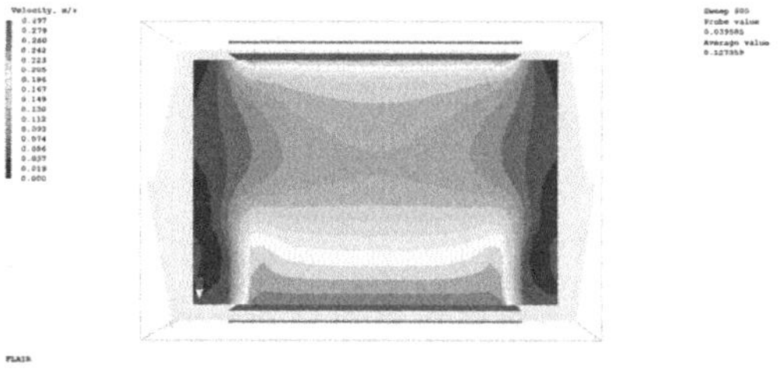

将所得换气次数值代入EnergyPlus中，对平+坡屋顶空间再次进行模拟，以分析不同换气次数值，即屋顶不同通风环境对其下部房间室内温度的影响。考虑到屋顶开口会接受太阳辐射，干扰实验结果，因此在计算前，对初始模型进行必要的调整。调整内容为在屋顶墙体窗洞口位置设置遮阳板，使其夏季尽可能少地受到太阳照射。模拟所得屋顶下部南北向卧室夏季室内平均温度值和制冷情况下单位面积能耗值，详见表2-23。

表 2-23　屋顶墙体窗洞口面积比对室内温度和单位面积制冷能耗的影响

开口面积比	换气次数	夏季室内平均温度/℃		夏季室内单位面积能耗/（$kW \cdot h \cdot m^2$）	
		南向卧室	北向卧室	南向卧室	北向卧室
0（无洞口）	1	29.24	28.79	62	65.02
10%	3.5	28	27.8	56.32	62.62
20%	19.2	27.78	27.56	54.24	60.36
30%	55.3	27.7	27.49	53.74	59.92
40%	76	27.7	27.49	53.96	60.21
50%	186.7	27.7	27.49	54.07	60.4

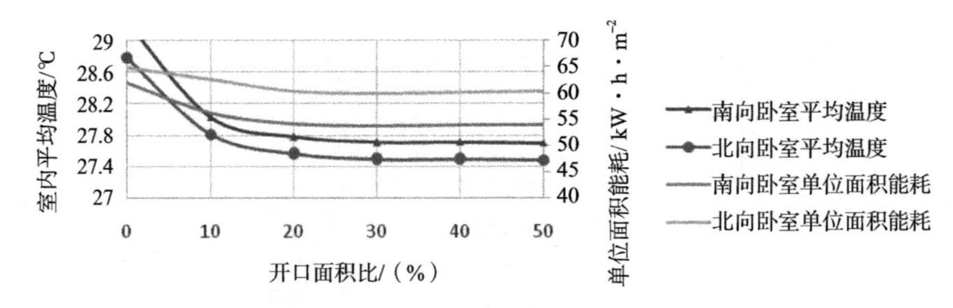

图2-31　开口面积比与夏季南北向室内平均温度、单位面积能耗之间的关系

图2-31显示，自然状态下，当平+坡屋顶设置窗洞口后，屋顶下部卧室的夏季室内平均温度显著降低，当开口比例为10%时，南向卧室室内平均温度下降约1.2℃，北向卧室室内平均温度下降约1.1℃。当继续增大窗洞口的开口面积时，卧室室内温度下降速率变缓。当开口比例达到30%以后，继续增加开口面积时，卧室温度并不发生显著变化。南北卧室的变化趋势一致。在夏季制冷情况下，为平+坡屋顶设置开窗洞口，会显著降低室内制冷能耗。当开口比例为10%时，南向卧室单位面积能耗降低5.68 kW·h/m^2，北向卧室单位面积制冷能耗降低2.38 kW·h/m^2。当开口比例达到30%时，单位面积制冷能耗达到最低，南向卧室和北向卧室分别为53.74 kW·h/m^2和59.92 kW·h/m^2。继续增大开口面积，制冷能耗开始缓慢增加。

由此可以得出，针对陕南地区平+坡屋顶而言，在自然状态下，为屋顶南北向墙体增设窗洞口，能够显著降低其下部房间的夏季室内平均温度。当开口面积比达到10%时，下降幅度最明显；达到30%时，下降达到最好的效果，继续增大开口面积比，室内平均温度不再继续降低，而是趋于一个稳定值。对于夏季制冷的房间，平+坡屋顶设置窗洞口能够降低夏季制冷能耗。当开口面积比设置为10%时，单位面积制冷能耗降低幅度最大；达到30%时，单位面积制冷能耗降低值达到最大。继续增大开口面积比对降低室内制冷能耗有不利影响，因此建议平+坡屋顶墙体窗洞开口面积比控制在30%左右即可。

以平+坡屋顶开口面积比为15%为例，在自然通风情况下，其开口方式分为三种，即居中、偏一侧和分双侧设置，模拟结果如表2-24所示。可以看出开口方式不同，则屋顶内部的风场分布及平均风速也不相同。换气次数与开口大小、屋顶体积和前后窗洞口的风压差相关。改变窗洞口设置方式，对屋顶内部风场分布会产生影响，但是不改变其换气次数。因此，在确定开口比例之后，可根据需要灵活设置窗洞开口方式，以满足立面设计的需要。

表 2-24　开口面积比为15%的平+坡屋顶内部风环境随窗洞开口方式变化示意图

开口方式	居　中	偏　侧	分开设置
示意图			
通风效果	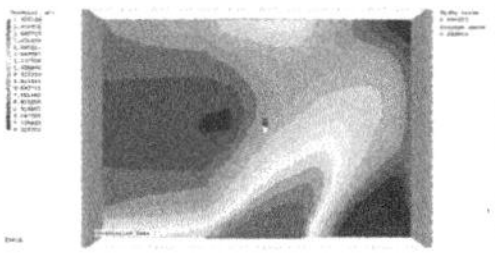	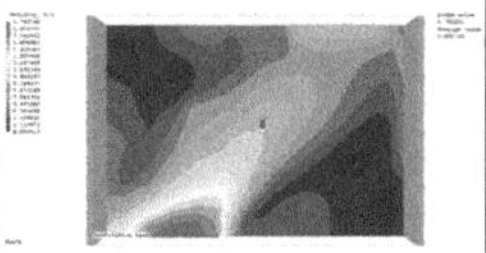	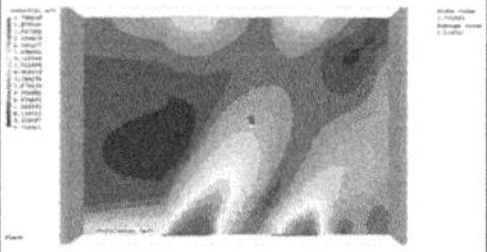
平均风速/m/s	0.66	0.47	0.53

（3）加强保温层的优化设计效果验证分析

平+坡屋顶设置窗洞口主要是为了降低该屋顶下部房间的夏季室内温度，而为平+坡屋顶设置保温层则是为了增强屋顶全年的保温隔热性能。其具体做法是在平+坡屋顶的平屋面层上增设XPS挤塑聚苯板。对陕南地区而言，设置多厚的保温板最合适，仍需进行讨论分析。因此，下一步讨论平+坡屋顶设置30%开口面积比条件下，如何为其平屋面层设置保温板。具体分析中采用XPS保温板，设置厚度为20～70 mm，每隔10 mm设置一个厚度值进行夏季制冷能耗和冬季采暖能耗的模拟分析。通过对比不同厚度XPS保温板所对应的南北向卧室夏季和冬季单位面积能耗，以确定适用于陕南地区的屋顶XPS保温板厚度。

夏季和冬季模拟参数有一定区别。其中，夏季平+坡屋顶内部的换气次数仍然取开启窗洞口的换气次数值，其余房间的换气次数值为2。考虑冬季平+坡屋顶窗洞口虽然可以关闭，但破屋顶本身气密性不高，因此换气次数设定为1，其余房间室内换气次数也设置为1。模拟结果如图2-32所示。

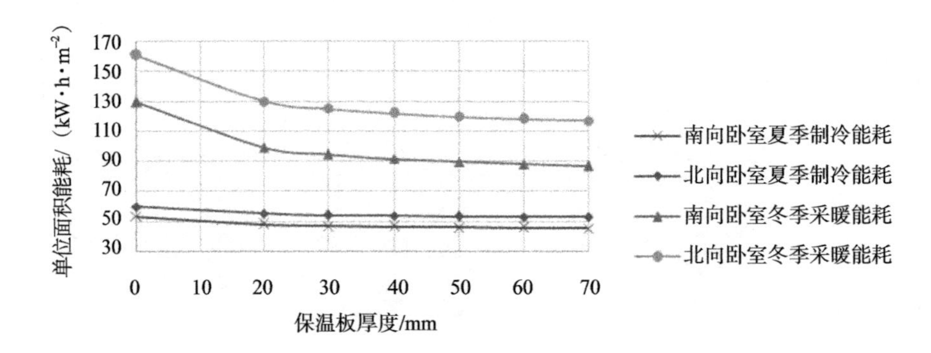

图 2-32　不同保温板厚度对南北向卧室单位面积制冷和采暖能耗的影响

模拟结果显示，设置保温板，能够显著降低冬季采暖能耗，对夏季制冷能耗也有一定降低作用。从变化曲线可以发现，对冬季而言，当保温板厚度设置为20 mm时，采暖能耗值显著降低，节能量约为23%。当继续增大保温板厚度时，采暖能耗下降趋势趋于平缓。当保温板厚度达到40mm后，继续增大保温板厚度，采暖能耗值下降速率显著降低。此时，相对于不设置保温板，采暖节能率达到31%。陕南地区冬季外界气温相对较低，维持室内舒适所需的采暖能耗较大，增设保温板对于降低冬季采暖能耗贡献较大。对夏季而言，当为平+坡屋顶设置20 mm保温板时，制冷能耗降低10%。设置保温板对降低夏季制冷能耗作用较小，原因在于当地夏季平均温度较低，气温相对适宜，因此夏季制冷所需能耗值总体较低，再加上平+坡屋顶设置通风洞口，进一步降低了屋顶热量对室内的影响。当保温板厚度达到40 mm时，夏季制冷能耗降低速率显著下降，能耗降低达到14%。综合分析，对于陕南地区而言，使用厚度为40 mm的XPS保温板或类似性能的保温材料，不但比较经济，而且具有较好的保温隔热效果。

（4）模拟验证结果

上文介绍了封闭式平+坡屋顶经过三步优化转变为设置保温板和通风开口的平+坡屋顶，从仿真模拟结果看，优化效果十分明显。屋顶优化后，冬季采暖能耗降低31%左右，全年能耗降低30%左右。如果再对建筑外墙等方面进行优化，节能效果还可进一步提升。

从平+坡屋顶优化分析中可以得出以下对陕南地区绿色农房设计有价值的结论：

1）平+坡屋顶的空气层高度，对其下部房间室内温度和能耗的影响不明显，因此可以根据需要灵活设置平+坡屋顶空气层的高度值。

2）夏季，当平+坡屋顶的外墙开口面积比达到30%时，能够显著降低屋顶下房间的室内温度和制冷能耗，继续增大开口面积，降温效果不再明显。开口面积比固定的情况下，改变开口位置和分布方式，会改变屋顶内部风场分布情况，但不改变其降温效果。

3）为开敞式平+坡屋顶内部设置XPS保温板，厚度为40 mm时，夏季制冷能耗和冬季采暖能耗降低，达到最佳效果。继续增大保温板厚度的节能效果不再明显，因此建议当地屋顶保温板厚度选用40 mm的。

基于上述模拟结果，后文以国家“十二五”科技支撑计划项目示范农房作为案例进行实测，分析验证平+坡屋顶优化的实际效果，同时也对上述软件模拟结果进行校验。

2.5.3 平+坡屋顶优化构造节能效果的对比实测与模拟验证

1. 实测对象基本信息

实测对象位于陕南宁强县某移民安置点。为了对比分析优化改造效果，选取该安置点内两栋平面布局和面积大小相似的农房建筑进行对比。其中，改造建筑称为1号农房（见图2-33），对比建筑称为3号农房（见图2-34），两栋农房皆为三层，朝向皆为南偏东25°，其外围护结构构造信息如表2-25所示。选取其北向房间作为实测房间。1号农房建筑面积为434.3 m^2，建筑高度为11.3 m，屋顶为平+坡屋顶，项目组对该屋顶进行了一定的改造，改造过程如图 2-35所示。实测房间尺寸为3.24 m（进深）×4.44 m（开间）×3 m（净高）。3号农房屋顶为平屋顶，建筑高度为9.3 m，建筑面积为280 m^2，其屋顶未做改造。实测房间尺寸为3.3 m（进深）×3.4 m（开间）×3 m（净高）。实际改造过程中，1号农房外墙也做了一定的改造，实测和仿真模拟的结果均为屋顶及外墙改造之后的结果。

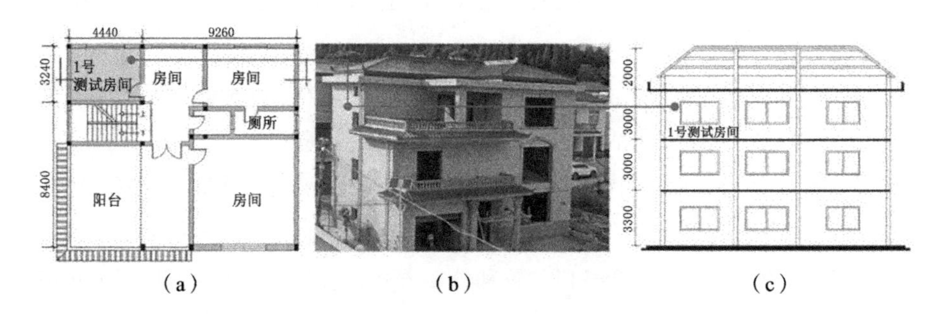

（a）　　（b）　　（c）

图 2-33　1号农房建筑信息

（a）三层平面图；（b）1号测试住宅外观；（c）建筑剖面图

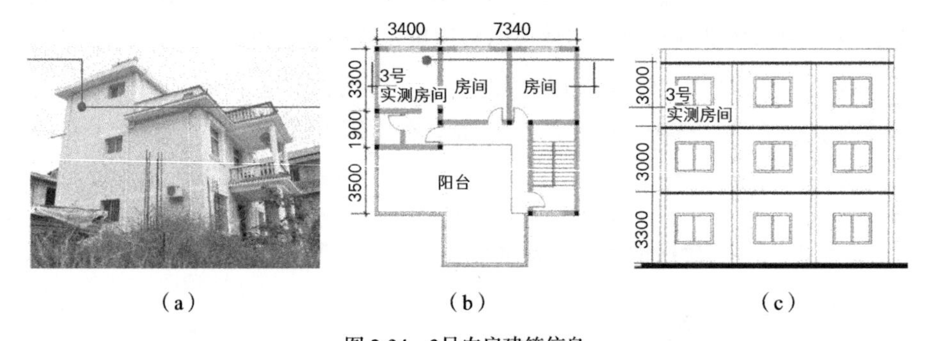

（a）　　（b）　　（c）

图 2-34　3号农房建筑信息

（a）农房外观；（b）三层平面图；（c）剖面图

图 2-35　1号农房改造过程

表 2-25　1号和3号农房外围护结构构造信息

构　造	外围护结构信息	
	1号农房	3号农房
外墙	5 mm水泥砂浆+4 mm抹灰+30 mmXPS保温板+240 mm页岩砖墙+5 mm水泥砂浆+5 mm抹灰	5 mm水泥砂浆+4 mm抹灰+240 mm页岩砖墙+5 mm水泥砂浆+5 mm抹灰
屋顶	30 mmXPS保温板，平+坡屋顶	20 mm水泥砂浆+120 mm现浇混凝土+20 mm水泥砂浆，平屋顶
外窗	6 mm玻璃+12 mm空气层+6 mm玻璃	6 mm单层玻璃窗
外门	木门	木门
楼板	100 mm钢筋混凝土	100 mm钢筋混凝土

1号农房的平+坡屋顶空气层平面与建筑的顶层平面一致，矩形区域高度450 mm，三角锥区域高度1 100 mm。考虑模拟的需要，此处平+坡屋顶内部空间被简化定义为一个封闭的空气层。根据《民用建筑热工设计规范：GB 50176—2016》，后续模拟中的空气层热阻值设为0.43 m^2 · K/W。

2. 实测内容及主要过程

实测时间为2017年12月7—12日，邀请第三方机构（陕西省建筑科学研究院）进行测试，内容为1号、3号农房的建筑能耗和热舒适参数（室内外温度、湿度、风速、黑球温度）。测试仪器信息如图2-36和表2-26所示。实测时，所有仪器均同时开始工作，测试间隔保持一致。实测目的是检测在相同热舒适度条件下两个房间能耗的差异。

（a）

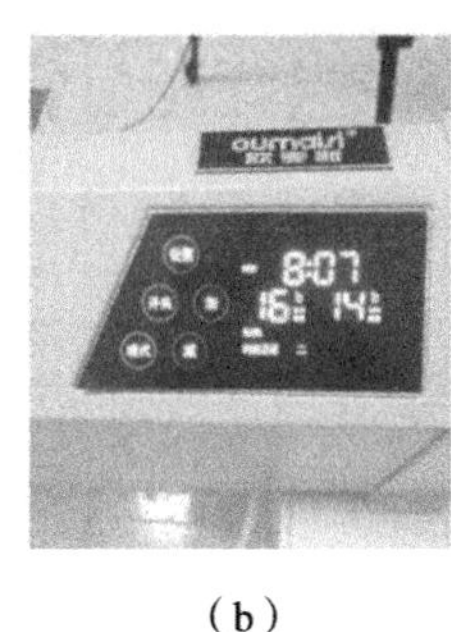

（b）

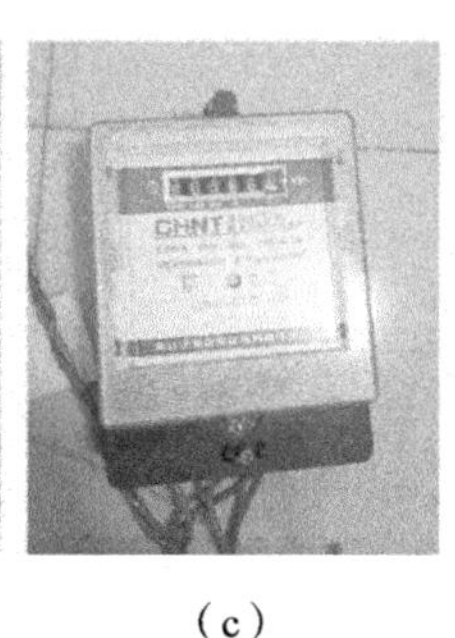

（c）

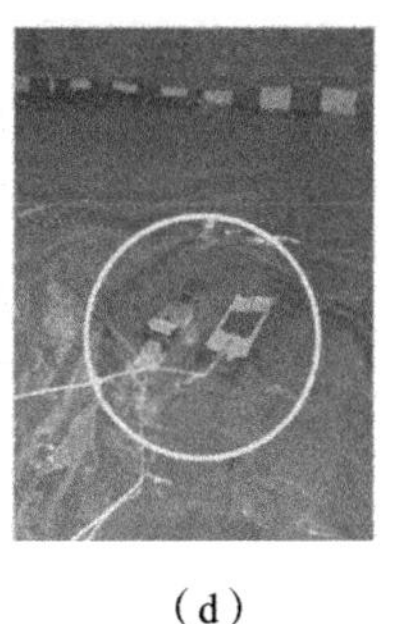

（d）

图 2-36　测试仪器外观

（a）温湿度测试仪；（b）变频电加热器；（c）电子式电能表；（d）表面温度测试仪

表 2-26　测试仪器信息表

名　称	型　号	测量范围	精　度
温湿度记录仪	HOBO-UX100-003	(T)−20～70℃	(T) ±0.21℃
		(H) 15%～95%	(H) ±3.5%
黑球温度仪	HO2T-1	−20～80℃	±0.3℃
表面温度测试仪	SSN-61	−35～80℃	±0.3℃
	Center 309 Data Logger	−20～70℃	±0.3%+1℃
电子式电能表	DDS-666	0.1～99 999.9 kW · h	0.1 kW · h
变频加热器	OUMAISI/NZJ-A5	0～2 000 W	0～55℃

考虑到对于冬季室内封闭空气而言，其热舒适度的主要影响因素为温度，因此后续实测中，主要针对室内温度数据进行分析。

实测过程中，采用变频加热器加热及维持室内温度。具体操作时，控制室内温度从16℃开始，每次提升1℃并维持24小时后，再提升1℃。这样每天持续操作，直至房间温度达到并维持20℃。在这一过程中，室内门窗紧闭，没有人员进入实测房间。采用电子式电能表记录电加热器能耗。记录人员每隔12小时进行一次能耗统计。之后根据房间面积计算单位面积能耗。

两个实测房间的面积和平面布局有一定差异，因此不能简单使用总能耗值进行对比分析，还需要计算单位面积能耗。本次实测中的单位面积能耗指在单位时间（1h）内单位面积（$1m^2$）所消耗的加热器电能，单位为$kW \cdot h/m^2$。

1号和3号测试房间的温度及能耗值统计结果如表 2-27所示。

表 2-27　1号和3号测试房间的温度及能耗值统计表

日　期	室外温度/℃	室内温度/℃	电能能耗/（kW · h）		单位面积能耗/($kW \cdot h \cdot m^{-2}$)	
			1号测试房间	3号测试房间	1号测试房间	3号测试房间
12月7日	6.26	16	27.5	43.15	90.96	140.46
12月8日	4.04	17	29.9	45.95	98.88	149.58
12月9日	3.0	18	35	48.9	115.75	159.17
12月10日	3.87	18	34.7	47.15	114.75	153.5
12月11日	1.59	18	34.9	46.45	115.42	151.208
12月12日	4.33	20	39.5	54.1	130.63	176.13

注：数据由陕西省建筑科学研究院提供。

3. 仿真模拟验证分析

EnergyPlus是一个在国内外广泛使用的能耗模拟软件。本书使用这一软件对两个实测房间的实测结果进行模拟验证，亦作为使用该软件的可行性分析。

1号和3号农房的简化仿真模型利用Sketchup的Open Studio建立。其模型外观如图 2-37所示，其结构信息与表 2-25一致。建筑能耗模拟关注室内采暖能耗值。基于这两个建筑的仿真模型，通过模拟调整室内温度变化来计算房间内的单位面积能耗，温度变化的操作规律与实测保持一致。

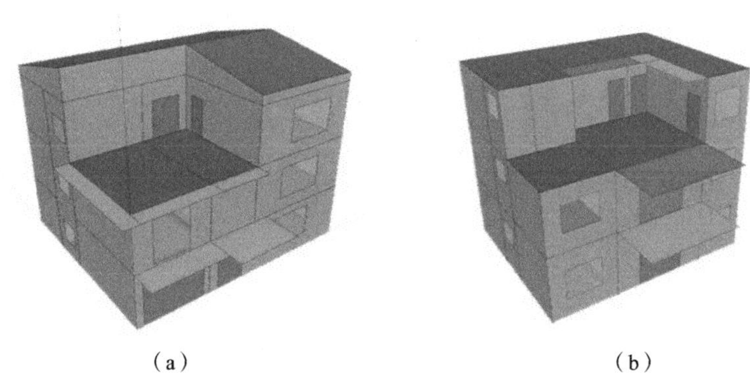

（a）　　　　　　　　　　　　（b）

图 2-37　1号农房和3号农房仿真模型

（a）1号农房仿真模型；（b）3号农房仿真模型

建筑能耗模拟采用气候特征、地形地貌和风土人情等均与宁强县较为接近的汉中市气象数据，与前文所述模拟实验基础条件一致。仿真模拟时间为12月1日至次年2月28日。模拟过程中，室内换气次数设为1次/h，模拟过程中，室内未设置任何人员活动，与实测情况一致。实测时，电器设备功率设置为11 W/m^2。建筑模型及室内温度设置情况如表 2-28所示。

表 2-28　仿真模型名称及其设置

模型代号	基本模型	室内温度设置值/℃	加热器数量设置
Model-1-1	1号农房仿真模型	16	1
Model-1-2		17	1
Model-1-3		18	1
Model-1-4		20	1
Model-3-1	3号农房仿真模型	16	1
Model-3-2		17	1
Model-3-3		18	1
Model-3-4		20	1

4. 实测与仿真模拟结果对比分析

实测计划是室内温度每天维持在一个固定的数值，以1号农房实测房间为例，12月9—11日，室内温度设置为18℃。实测结果显示，室内空气温度与18℃基准线基本吻合（见图 2-38）。能耗模拟过程中，使室内温度维持在同样的数值，可使仿真模拟结果和实测结果具有可比性。

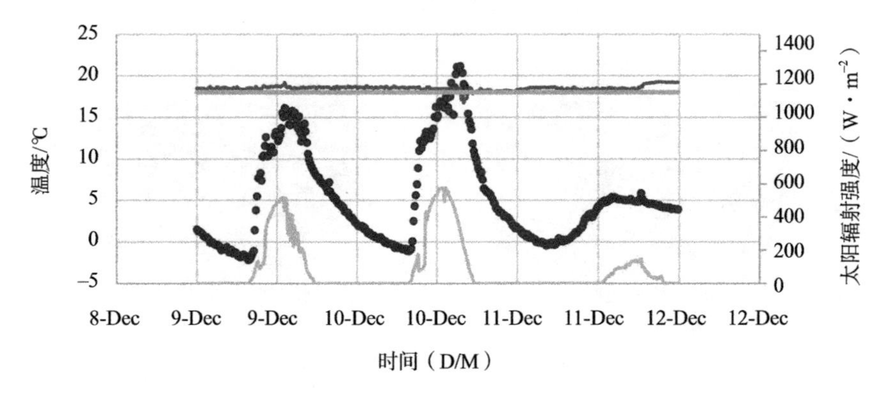

图 2-38　1号农房实测房间12月9—11日室内外温度实测数据

在实测数据与模拟数据具有可比性的基础上，对实测计算的单位面积能耗值与仿真模拟得出的单位面积能耗值进行对比，结果显示两者误差率约为4%，属于可接受的误差范围。因此认为，使用EnergyPLus仿真模拟可以较为准确地反映实际情况。

表 2-29　模拟结果与实测结果对比

模型代号	实测农房	T-in ℃	ECP-S W/m^2	ECP-T W/m^2	实测时间	相对误差 %
Model-1-1	1号	16	95.87	90.96	12月7日	5.4
Model-1-2	1号	17	101.09	98.88	12月8日	2.2
Model-1-3	1号	18	106.34	115.75	12月9—11日	8.1
Model-1-4	1号	20	116.87	123.63	12月12日	5.5
Model-3-1	3号	16	138.2	140.46	12月7日	1.6
Model-3-2	3号	17	145.64	149.58	12月8日	2.6

续表

模型代号	实测农房	T-in ℃	ECP-S W/m²	ECP-T W/m²	实测时间	相对误差 %
Model-3-3	3号	18	153.13	159.17	12月9日—11日	3.8
Model-3-4	3号	20	168.19	176.13	12月12日	4.5

注：① T−in=Indoor Temperature（室内空气温度）；

② ECP−S=Energy Consumption Perunit Area by Simulation（模拟的单位面积能耗）；

③ ECP−T= Energy Consumption Perunit Area by Testing（测试的单位面积能耗）。

从实测及模拟结果可以看出，采用经过节能改造平+坡屋顶的1号农房比采用普通平屋顶的3号农房，能够节能约30%。这也证明了平+坡屋顶的优化构造确实具有较好的节能效果。为平+坡屋顶增设保温板能够显著增强屋顶保温性能。需要注意的是，平+坡屋顶在夏季时需要开启洞口加强通风，而冬季时则需要封闭洞口减少热量损失，也就是需要在夏季和冬季到来时分别对屋顶洞口进行开启或关闭的操作（见图 2-39）。

图 2-39　屋顶洞口冬季关闭（左），夏季开启（右）

第3章 陕南地区农房外墙的气候适应性构造优化

3.1 陕南地区农房外墙建造状况及存在问题

3.1.1 传统农房的外墙材料

陕南地区传统农房外墙材料主要为木材、生土、石头、竹材、秸秆等。它们取材方便，适应当地气候环境。当地的石屋面建筑、吊脚楼、竹木房、夯土房等均具有较强地域适应性。

1. 木材

陕南地区多山地，充沛的降雨和纵横的水系使该地区木材资源十分丰富，对于生活在这里的居民而言，采集和加工木材十分方便。木材也因其坚固耐用、易加工的性能被广泛用在传统建筑的框架、外墙和外窗等构造上，而且，木材可以加工成各种精美的装饰，因此商业建筑门面也大量采用精美的木构件。居民会在木材表面刷上桐油以防止其被虫蛀或腐烂，既延长了木材的使用寿命，也提升了木质外墙的保温隔热能力（见图3-1）。

图3-1 木构造建筑：青木川古镇

2. 生土

生土几乎是随处可见的材料，中国许多地方传统农房使用生土作为建筑围护结构的主要材料，如陕北的黄土窑洞、福建的客家土楼等，在陕南地区也不例外。从陕南地区调研结果看，当地传统农房都或多或少地使用生土墙或土胚墙作为建筑的围护结构（见图3-2）。木材和生土结合是使用最为广泛的构造方式。生土墙让建筑仿佛是从地面生长出来一般，与自然融为一体。土壤较强的蓄热能力使生土建筑室内具有较好的热舒适度。生土墙在其建造过程中会加入秸秆等以增强其强度。生土墙按其在外墙中的分布情况可分为全围合式和半围合式（见图 3-3）。

图 3-2　生土农房：袁家坪村

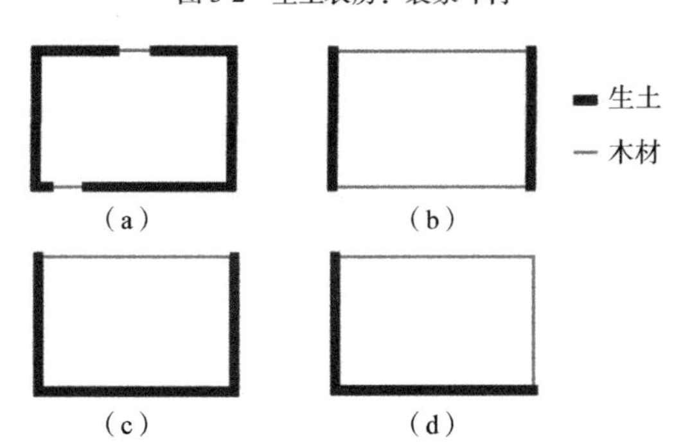

图 3-3　生土和木材在建筑外墙中的基本组合方式

（a）全围合式；（b）半围合式1；（c）半围合式2；（d）半围合式3

3. 石材

陕南地区，多水系、多山地，当地石材取用十分方便，在建筑中的应用也十分普遍。石材加工较为困难，主要用在修建地基和铺设道路中。采用石材作为地基可以提高地基的防潮、防水能力（见图3-4）。当地部分传统建筑亦将石板作为屋顶材料，且主要使用较易加工的页岩板。现存的石板屋顶建筑已较为少见，只在交通不太便捷的山区中能够看到（见图3-5）。尤其是“5·12地震”之后，出于安全考虑，已很少有人继续居住在石板屋中。

图 3-4　石板作为地基：烈金坝村

图 3-5　石材用于屋顶：燕子砭镇

4. 竹材

竹材较少直接应用在建筑中，主要是通过竹编夹泥墙的方式，作为建筑的隔墙出现。陕南地区传统农房中现在仍可看见许多墙体采用竹编夹泥墙的形式。由于陕南地区竹子较多，当地居民就以竹子作为墙壁的“骨”，竹片相互穿插形成稳固的系统，再在外面涂以泥层，即形成所谓的泥墙。泥墙一般要抹三层泥，第一层由黄泥与麦秆混合而成，第二层由黄泥与稻壳混合而成，第三层直接由黄泥涂抹，一层比一层更加精细而且易于抹平，这样既使得墙面更加稳固，也使其外观更加平整（见图3-6）。

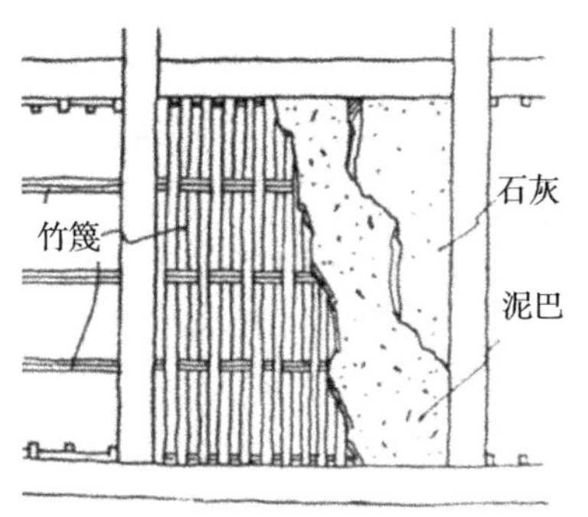

图 3-6　竹编夹泥墙做法：古城村

5. 页岩砖

陕南地区页岩分布十分广泛，当地现有很多烧页岩砖的厂房，使得这一材料的使用比生土更加方便。随着生活水平和经济条件的提高，人们更多选择用砖代替生土建造农房。在这个转换过程中，曾出现过生土+砖墙的建造方式，但是随着居民实在经济条件的不断改善，生土外墙慢慢被遗弃，当地目前只有极少数生土农房仍然有人居住，或者仅被用作储存空间（见图3-7）。

图 3-7　夯土+砖墙农房（左）与砖墙农房（右）

3.1.2　传统农房的建造技术

传统农房建造技术的选择与居住者的生产生活需求紧密相关。本节针对传统建筑外墙的分析，不局限于外墙构造本身，也包括由外墙围合形成的空间，这样更能揭示其为营造舒适室内环境所起的作用。

1. 有利于通风降温的农房建造技术

陕南地区夏季降雨充沛，气温较高。当地居民中采用多种方式促进室内自然通风，以降低室内湿度和温度。首先是天井的应用。一般而言，天井是由建筑围合而成的内向开敞空间，其体积不大，功能可以与厅堂融为一体，以扩大建筑内部的活动范围，同时增强建筑内部采光（见图3-8）。因为天井尺度较小，因此采光多为墙壁和屋顶的反射光线，较为柔和[8]。也因为天井内部受到日照较少，空气温度较低，与建筑外部空气之间形成压差。内部热空气上升，带走室内热量，有利于营造凉爽的夏季室内热环境。部分规模较大的建筑在通高的天井上部增加屋顶，使其成为室内空间，比如青木川古镇中的商铺洪盛魁，采用了“旱船屋”的做法（见图3-9），不仅使得室内空间显得高大丰富，而且有效降低了夏季环境温度。

图 3-8　天井的一般做法

图 3-9　“旱船屋”的做法

传统农房进深往往不大，外墙开窗一般能够与门或其他窗户之间形成较好的对位关系，而且当地居民平日有保持门窗打开的习惯，可以有效促进室内空气流动，降低夏季室内温度。同时，檐下空间在传统农房大量使用（见图3-10），这些空间是介于室内和室外之间的过渡空间，它们具有双重功能，一方面可以减少太阳辐射直接进入室内，起到缓冲作用，大大降低夏季室内温度；另一方面可以为人们提供半户外的过渡空间。其构造做法并不复杂，但是用途很多，当地居民会在这些过渡空间进行家务劳作、交流、休憩、买卖、晾晒、储藏等活动，有些居民也会在这些空间放置少量景观植物以装点门面。檐下空间的存在，让室内和室外之间有一个更好的过渡，也对室内外环境的营造起到了重要的辅助作用。

图3-10　传统农房的檐下空间：青木川古镇

2. 有利于冬季保温的农房建造技术

陕南地区传统建筑中，通风降温构造相对较多，而保温构造相对较少，当地居民在寒冷的冬季主要通过烤火和穿厚衣服御寒。因为该地区冬季十分寒冷的时间相对较少，所以人们多通过行为调节的方式来应对，比如有太阳的白天，人们会选择到室外晒太阳，到了夜间则早早上床睡觉抵御寒冷。居民也会烧柴草、木炭或煤取暖。传统农房的瓦屋顶和外窗气密性较差，室内燃烧柴草等产生的有害气体会通过房屋围护结构的空隙散发到室外。农房本身主要利用厚重的生土（夯土或土坯）墙体增强其冬季保温能力（见图3-11），其次采用内向型的布局，以尽可能减少冷空气对室内的影响。

图 3-11　某夯土农房的室内情况

3. 有利于防水防潮的农房建造技术

陕南地区降雨充沛，空气潮湿，因此防水防潮是必不可少的做法。传统建筑中会使用抬高地基的方式生土外墙远离雨水的冲刷，同时使用柱础让木柱远离地面，这样可以有效保护建筑的主体结构，延长建筑的使用寿命（见图 3-12）。

图 3-12　传统农房中抬高地基（左）和柱础（右）的做法

3.1.3　当代农房的外墙建造

随着当代陕南地区农村生产能力和经济发展水平的不断提高，农房建造逐渐由传统向当代过渡。原来生土—木结构的建造形式逐渐转变为砖混结构或更复杂结构的建造形式，转化过程中出现夯土—砖—木结构和砖—木结构等多种形式。正是这样的过渡和转变，使当代农房形态各异。陕南地区农房使用的当代墙体材料主要为当地盛产的页岩砖，以及钢筋和水泥。其中，钢筋水泥主要用于构造柱、圈梁、地基和楼板的建造，页岩砖用于砌筑墙体。

农房建筑风格呈现出三种主要形式（见表3-1）：第一种可以称之为传承式，平面布局传承了传统农房形式，但是使用了现代建筑材料；第二种是自由式，主要根据宅基地形状、用户的需求喜好和经济能力进行设计布局，房间大小和建筑层数没有限制，较为自由；第三种是统规统建式，由政府统一规划，按照相同的设计图纸进行规划建造。

传承式农房基本沿袭了传统农房的三开间样式，开门开窗的位置也与传统农房较为一致。外观较为统一，具有一定地域特色，往往在一个地区大量出现。自由式农房没有统一外观，且建造水平参差不齐，陕南地区此类农房分布最广。统规统建农房外观较一致，建造水平也较统一。陕南地区在2008年“5・12地震”之后大量建设的安置小区中多采用统规统建形式，以砖混结构为主。随着当地农村生活水平的提高，既有三类农房表现出一个共性问题，就是居住舒适度不足，很多居民抱怨农房冬冷夏热。夏季炎热时段及冬季寒冷时段，如果不使用空调制冷和采暖设施，室内会有明显的不舒适感。部分居民甚至会在炎热季节搬进室内相对更加凉爽的传统夯土农房中暂时居住。

表 3-1　当代农房的三种建筑形式

建筑形式	传承式	自由式	统规统建式
外立面材料	水泥、钢筋、页岩砖、木材、铝合金窗、塑钢门等		
典型外观			
建造方式	居民自建	居民自建	政府规划、居民自建

陕南地区页岩资源十分丰富。为了达到节约土壤资源的目的，该地区从“禁止使用实心黏土砖”逐步走向“禁止使用黏土资源”，广泛使用页岩砖作为砌体材料。页岩建材主要包括页岩实心砖、页岩多孔砖和页岩空心砖。在陕南地区新建农房中多采用一顺一丁式砌筑方法（见图 3-13），即由一皮顺砖、一皮丁砖互相间隔砌成，上下皮之间的竖向灰缝互相错开1/4砖长。外墙主体建好之后，在其外侧抹20 mm厚水泥砂浆，找平层上贴釉面外墙饰面砖或者喷漆（见图 3-14）。

采用页岩砖可以节约土地资源，降低对土壤的消耗。页岩实心砖的保温性能不如页岩空心砖，在促进砌体结构标准化、模数化和满足建筑节能要求上，亦不如页岩空心砖[9]。从实际调研情况看，页岩空心砖的使用有待进一步推广。

目前，陕南地区农房大量采用砖混结构，使用钢筋混凝土构造柱、圈梁和现浇钢筋混凝土楼板（见图3-15）。

图 3-13　陕南地区使用的页岩砖（左）和一般砌筑方法（右）

（a）　　　　　　　　　　（b）

图 3-14　陕南地区农房外墙饰面的两种主要形式
（a）贴饰面砖；（b）喷漆

（a）　　　　　　　　　　（b）

图 3-15　陕南地区农房施工现场
（a）楼板；（b）墙体及构造柱

混凝土空心砌块，是一种水泥、砂石和水搅拌制成的有一定孔洞形式的空心、薄壁砌体材料，具有强度高、自重轻、砌筑方便、墙面平整度好、施工效率高及节能、节土的特点，而且可以利用工业废渣和废弃建筑材料作为骨料，具有因地制宜、工艺简便等特点，分为承重型和非承重型。陕南地区主要采用非承重型混凝土空心砌块，这种材料保温性能相对较好。目前，其在当地农房中使用依然较少，仅在靠近水泥砖厂的附近可以看到（见图3-16）。

图 3-16　混凝土空心砌块及其施工现场

总体而言，陕南地区当代农房以砖混结构为主，外墙砌筑形式较为简单，多使用各种类型的页岩砖。

3.1.4　当代农房外墙节能存在的问题

1. 外墙热工性能差，导致建筑能耗较大

随着全球气候变暖，近年来，陕南地区夏季高温时间越来越长，而冬季较往年更加温暖，降雪次数减少，极端天气出现频率增加。由于当地传统及当代农房中都没有专门的保温做法，农房外墙热工性能较差，外界环境温度变化对室内温度影响十分明显。随着时代的发展，当地农村越来越多的居民在夏季使用空调，在冬季使用电暖气等电采暖设备，以改善室内居住环境。部分住户会在每个卧室和客厅均安装分体空调，因而出现一栋农房安装大量空调的情况。这些空调在制冷和采暖的高峰季节运行，不仅消耗能源，也增加了当地电力供应压力。据了解，当地普通住户（夫妻二人，子女外出）春秋季一个月的电费为40～60元，夏季一个月电费能够达到120～160元，冬季一个月采暖电费则能够达到180元以上。人口较多的家庭，冬夏季电费消耗量更大，能够达到300元/月以上。夏季制冷时段主要为6月底—8月底，采暖时段主要为1月初—3月初。该时段也是春节和寒暑假的时间，外地务工、读书的子女会集中回家，造成房屋使用人口增多，能耗需求加大。

2. 日照不足，导致室内热舒适度差

充足的日照时长是保证室内环境卫生和健康舒适的重要条件。建筑朝向、周边地形环境和建筑分布都是影响农房室内日照的因素。我国北方地区传统农房宅基地的选择十分看重朝向，大致横平竖直的道路网分布和开阔的地形使得大部分农房的朝向都较为合理。陕南地区主要以河谷和山地地形为主，“两山夹一川”，坡地多平地少是这一地区地形最显著的特征，沙流、道路走向复杂导致许多农房在建设时不能选择较好的朝向；部分农房处于山体的背阴面，且部分墙体紧贴山体斜坡；城镇中心及其周边地区农房密度较大；此外受季风和山地地形影响，阴雨天气较多，晴朗时间较少，太阳能资源不丰富，以上均导致当地农房日照、采光不足。日照不足不仅对居民的生活和健康会造成一定的不利影响，也显著影响着室内热舒适度。室内热舒适度不足，造成居民对空调及电取暖设备的需求增加，进而导致建筑能耗增加（见图3-17）。

图 3-17 安装大量分体式空调的农房

3. 建筑外观混乱，破坏地域文化环境

农房外观混乱是目前中国村镇地区普遍存在的现象，陕南地区也不例外，产生这种现象的一个主要原因是“自由式”农房数量较多。大量自建农房并未受到足够的约束和引导，宅基地面积、用户喜好和地方施工队水平决定其形态与质量。农房对传统文化和地域特色传承较少，其风格和样式多来自对城市建筑的简单模仿，形成了较为杂乱的建房现象（见图3-18）。

图 3-18 外观杂乱的农房

调研发现，农房建设风格往往以区域相似的特征出现，即某一个区域的农房，其建设方式、材料应用和外观均有一定的相似性。区域的大小，一方面取决于地方施工队的服务范围，另一方面取决于交通便捷程度和地区经济发展程度。农村居民在建房时普遍有“模仿”的心态。人们既不希望自己的农房太突出，也不希望比邻居差。只要有一栋房子效果较好，附近居民就会相互模仿。因此农房的建设风格往往呈现出区域性相似特征（见图3-19）。这一特征如果善于利用，将有助于改善农房外观杂乱的现状。

图 3-19 平+坡屋顶改造呈现区域性相似特征

3.1.5 当代农房外墙保温常见做法及材料

由于陕南地区处于夏热冬冷气候区，农房室内多采用间歇采暖及制冷的运行模式，形成了特殊的室内动态热环境，外墙传热表现出明显的交替变化特征。因此，该地区墙体的节能特性与严寒地区农房外墙的单向热传递特性有显著区别。其热工性能设计应重视季节变化、昼夜更替的周期性作用，不仅要满足夏季白天良好的隔热和夜间良好的散热要求，还要保证冬季具有良好的保温性能。因此，要对农房外墙构造进行优化研究，首先需要研究其在该地区不同季节的动态传热过程和传热特性，之后对现有主要保温构造做法及材料进行分析。

1. 外墙动态传热既有研究

目前国内外在墙体动态传热方面已进行了大量理论和实验研究[10]。在理论研究方面，墙体动态传热的计算方法和数学物理模型较为成熟，众多学者已针对各种类型墙体或房间建立传热模型，求解分析墙体的动态传热过程、墙体内的温度及热流分布等[11~13]。

实验研究方面，主要探讨了：①温度波及热流在墙体的传递过程及室内的得热过程等；②不同墙体的热工性能对比、分析及评价，保温层的最佳数量、位置、厚度及墙体最优构造等；③墙体传热系数的现场检测方法等[14~16]。

研究显示，外保温在夏热冬冷地区的夏季具有较好的隔热效果，内保温在冬季能发挥更大的作用[12]。同时，自保温墙体在冬季和夏季均表现较好。对夏热冬冷地区而言，墙体自保温体系相比外保温体系和内保温体系具有更大的优势[17]，见表3-2。

表 3-2　外墙各保温体系的对比

保温体系	耐久性	耐火性	耐候性	经济性	施工难度	质量控制	节能效果
外墙内保温	差	差	一般	差	简单	难	差
外墙外保温	差	差	差	差	复杂	较难	较好
外墙自保温	好	好	好	好	较简单	容易	好

2. 外墙内保温做法及其特点

外墙内保温是用保温砂浆或固体保温材料（聚苯板、挤塑板等）在外墙内侧进行涂刷或粘贴，使房屋达到保温效果。该做法可以避免对建筑外立面的破坏，并控制建筑成本。外墙内保温在室内进行施工，对墙体没有特别要求，操作方便；且施工不受天气影响，所以速度较快，施工进度能够得到保障[18]。目前外墙内保温技术较为成熟，对于需要大面积施工的项目，采用内保温能够较好地保证施工质量和速度。

外墙内保温也有一定缺点。第一，内保温占用室内空间。第二，因为保温材料自身的特性和粘接的施工工艺，使得采用内保温技术会影响建筑的二次装修，且内保温墙壁上不能悬挂重物也不建议使用钉子钉入墙壁，因为悬挂可能会破坏内保温结构，钉子会形成热桥而破坏其保温性能。第三，内保温墙体容易出现发霉的情况。上述情况都会对农户的生活造成一定的不利影响。

3. 外墙外保温做法及其特点

外墙外保温是将保温材料固定于外墙外表面的保温做法，一般由保温层、保护层和固定层组合而成。其优点十分明显，主要包括不占用室内建筑面积、不影响室内墙面的正常使用及二次装修、不容易产生冷、热桥，保温效果更佳。

第一种做法，外贴式[19]，即将保温材料挂贴在墙体外侧，形成保温层，再使用防水卷材或涂料对保温材料进行防水处理。这种施工方式受天气影响较大，饰面方式受到一定限制，一般使用喷漆的方式进行外墙装饰。

第二种做法是外墙大模内置聚苯板的方式[20]。保温构造由聚苯保温板、水泥抗裂砂浆防护层和饰面层组成。采用阻燃性能较好的聚苯板置于墙体外侧，辅以插接栓与墙体一次拉结成型。抗裂防护层为嵌埋有热镀锌钢板网的抗裂水泥砂浆，有较高的拉伸粘接强度，可用涂料、面砖或石材等进行外墙装饰。该做法中整个保温体系与外墙拉结牢固，具有安全、耐久、可靠等特点，避免了粘贴保温板做法的诸多劣势。

第三种做法是使用外墙保温砂浆。近年来，胶粉聚苯颗粒保温砂浆以其轻质、保温隔热、节能利废、施工简便、成本低廉等优点在外墙外保温体系中得到广泛应用。胶粉聚苯颗粒保温砂浆是以胶粉聚苯颗粒为轻骨料，以预拌混合型干拌砂浆为主要胶凝材料，加入适量抗裂纤维及多种添加剂，按比例配制而成的保温材料。其导热系数比普通砂浆低，保温隔热性能较好，抗压强度高，粘接能力强，附着力强，且耐冻融、干燥收缩率及浸水线性变形率小，不易空鼓、开裂。该保温体系总体造价较低，对基底层平整度要求不高，适合于各种复杂造型的外墙保温工程[21]。随着时代的发展，保温砂浆的材料配比和施工方式还将不断得到优化。

4. 外墙自保温类型及其特点

外墙自保温指建筑外墙材料本身具有一定保温性能，不需要再增加其他保温材料，就可以满足节能要求的做法，是实现建筑节能与结构一体化技术的重要途径。现有外墙自保温体系所采用的材料及构件主要包括外墙自保温砌块、夹芯墙复合保温板、装配式混凝土复合保温板等。

自保温外墙的特点主要包括四个方面。首先，保温材料与外墙结构整体同寿命，不会出现使用过程中，保温材料需要单独维修或更换的现象；其次，自重轻，由于复合了发泡混凝土、聚苯颗粒等保温材料，可以明显减少建筑自重；再次，施工简单，由于保温材料与结构合为一体，不仅简化了构造，施工工艺也更加简单、易操作；最后，防火性能好，与墙体复合的保温材料多为无机材料或阻燃材料，防火性能一般明显优于普通内保温或外保温做法。

5. 外墙保温常用材料

外墙内保温和外保温所采用的材料较为接近，目前常用的主要有膨胀聚苯乙烯泡沫颗粒、聚苯板、挤塑板和聚合物无机保温砂浆，这些材料应用均十分广泛。膨胀聚苯乙烯泡沫颗粒由可发性聚苯乙烯树脂珠粒为基础原料膨胀发泡制成，是建筑外墙保温体系中较为常用的材料之一，是聚苯颗粒保温砂浆的主要骨料，其最大优势在于抗裂性较高。施工过程技术要求较低，便于学习和掌握。

聚苯板（以下简称EPS板）是以聚苯乙烯树脂为主要成分，通过发泡、模塑成型而成的具有闭孔结构的泡沫材料，是较常用的一种保温板材，其导热系数比膨胀聚苯颗粒低很多。其孔闭率为80%，且具有一定的抗裂性能。

挤塑板（以下简称XPS板）是以聚苯乙烯树脂或其共聚物为主要成分，添加少量添加剂。通过加热挤塑而制成的具有闭孔结构的硬质泡沫材料，其导热系数比EPS板更低，因此要达到相同保温效果，XPS板所需厚度比EPS板更小。XPS板的闭孔率达到99%以上，可以有效避免空气流动散热，从而确保其保温性能的持久和稳定。XPS板的抗裂性能较差，粘接能力也比EPS板差，因此在施工过程中需要加强指导和管理。

上述两种板材的对比结果可以概括为：XPS板的保温性能、抗压强度、吸水性能优于EPS板；粘接性能和抗裂性能差于EPS板；两种保温板的燃烧性能都能达到B1级，但EPS板优于XPS板[22]。

随着保温材料的发展，无机聚合物保温砂浆得到越来越多的应用。它由硅酸水泥、憎水改性膨胀珍珠岩、闭孔珍珠岩及玻化微珠、粉煤灰、纤维等材料配置而成。与上述三种保温材料相比，无机聚合物保温砂浆具有保温性能和抗裂性能两大优势，且施工简便，具有较好的防水和防火性能，因此正成为未来保温材料的重要发展方向之一。

3.2 非整体组合式保温构造设想及其节能效果模拟验证

3.2.1 陕南地区农房外墙优化的特殊影响因素分析

1. 气候及生活方式特殊性对外墙优化的影响

陕南地区多雨湿润，当地河谷地区传统农房多使用底层架空的吊脚楼方式或者将一层用于养殖牲畜和储存，二层用于居住。当代房屋建造方式得到改进，大部分农房使用砖混结构建造。然而，调研显示，当地农房首层地面返潮的情况在雨季仍

图 3-20 首层储存、二层居住的当代农房

然十分严重，地面返潮会导致室内地面湿滑，家具发霉，对居民生活造成一定的不利影响。因此当地居民仍然习惯将首层用于炊事、接待、储存或养殖，而将起居和卧室置于二层或三层（见图 3-20），以获得更加干爽的生活环境，也可以减少被褥和家具发霉的现象。居民起居主要在二层，这样的生活方式对于农房外墙保温优化提出了特殊的要求。如对建筑首层设置保温构造，会增加建筑的建设成本，而多雨的天气会对首层保温构造造成较大的不利影响，使其提前失效或产生内部发霉等现象。因此，从实用的角度出发，该地区外墙保温构造可以考虑不包含首层的设置方式，以减少造价，延长保温材料使用寿命。

2. 商住两用农房的特殊形式对外墙优化的影响

陕南地区是陕西与四川、重庆、湖北和甘肃等多省（区、市）交界之地，一直以来商旅众多，以青木川古镇民居为代表的商住两用农房分布广泛。如今，西成等高铁的开通，更使得陕南地区成为重要的商旅集散地。当地主干道两侧的农房均为商住两用（见图 3-21）。此类农房多采用饰面砖、大面积玻璃、装饰性木构架和遮雨棚等，使用外保温将严重影响其外立面装饰需求和二次装修的可能性。相对而言，商住两用农房采用对外立面影响较小的内保温做法和自保温更加适宜。

图 3-21　商住两用农房

3. 密集的农房布局形式对外墙优化的影响

陕南地区山地多，平地少，耕地面积有限，再加上近年来国家对建设用地的严格限制，使得该地区农房的

图 3-22　紧密排列的农房

建设密度较大（见图3-22）。很多农房的外墙与邻居外墙完全贴合或仅留有十分窄小的缝隙，紧密相邻的两面外墙已经大致相当于两栋农房之间的内隔墙。对于此类墙体，只需使用少量保温材料进行适当构造处理即可达到较好的保温隔热效果。

4. 农房体量大而使用面积少的现状对外墙优化的影响

中国人自古以来对房子和土地都有着特殊的情节，盖一栋大房子，对于很多农村居民来说都是一生的追求。因此，当凑够建房资金之后，他们往往尽可能建更多的房间和更大的面积。但是目前乡村地区大量青年人口向城市转移，乡村老龄化严重，大量农房的室内空间都处于闲置状态或用于存储。因此，从实用和控制造价的角度出发，并不需要对整栋建筑的外墙进行保温优化处理，可以仅针对主要使用的房间和功能区进行构造优化。

3.2.2　非整体组合式保温构造设想

基于上述陕南地区农房围护结构和房间使用现状及特点分析，可改变以往针对整栋农房进行保温优化的思路，而形成一种有目标、可调整的组合式保温构造方法。这种保温构造仅针对农房主要使用区域的外围构造，包括对楼板、天花板、内墙、外墙和外窗等进行优化。农房的主要使用区域在此称为“热域”[23]。新型保温构造只针对热域外边界进行优化，而不再针对建筑整体。考虑到农房周边环境的复杂性，具体构造做法可以根据热域边界条件、经济条件和其他限制条件灵活调整。

专门针对上述热域进行保温设计的围护结构构造，本书称之为非整体组合式保温构造。其优势在于针对性强，可以大大减少保温材料的使用，减少建造成本；同时适应性强，组合方式灵活。其不仅适用于新建筑的建造，对于旧建筑改造也有较大的实用价值。

既有农房建筑保温改造情况复杂，墙体周边环境多样，如果按照传统改造思路，往往会面临重重困难。使用非整体复合式保温构造方法，更容易解决问题。改造过程中首先确定热域范围，之后灵活组合保温材料，对主要功能房间进行保温强化，即可实现建筑节能和热舒适性能提升。对农房而言，热域的范围主要指卧室、客厅和书房等，可根据用户的实际使用情况和需求进行确定。其实施路径如图 3-23所示。

其中，住户需求包括住户使用的主要功能房间、对保温构造的要求、对外立面的要求以及生活习惯等；环境条件包括气候条件、地形条件、建筑与周边建筑、街道相邻关系等；经济条件包括地区经济发展水平、交通运输条

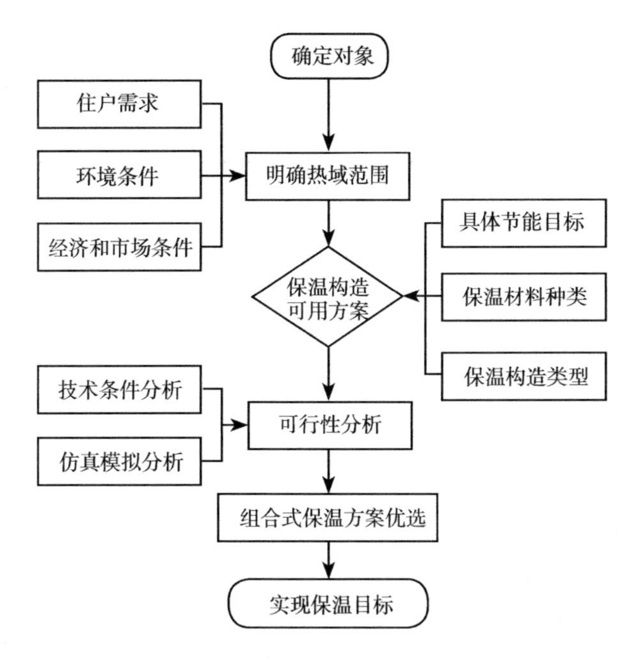

图 3-23　非整体复合式保温构造实施路径

件等；市场条件包括周边保温材料市场情况等。在明确热域范围之后可根据节能目标、可使用的保温构造和保温材料，组合成多套可选方案；利用仿真模拟软件对其节能效果进行对比分析；对地方施工队的技术条件进行考察，必要时，还要对地方施工队进行一定的技术指导。最后确定合理的非整体组合式保温构造，并将其建成实施。如有条件，应对其节能效果进行实测验证。

3.2.3　非整体组合式保温构造节能效果的实证分析

1. 实证对象

本书课题组在针对陕南地区农房的实地调研中找到一栋两层农房，用户希望对其进行节能改造，课题组针对该农房进行了非整体组合式保温构造的实证分析。该农房为砖混结构，外墙使用页岩实心砖，屋顶为封闭式平+坡屋顶，外窗为单玻铝合金窗。建筑平面如图 3-24所示，建筑外观如图 3-25所示。

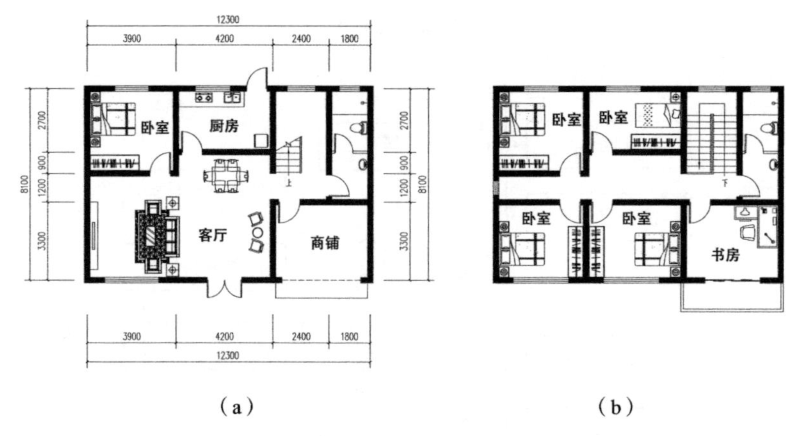

（a）　　　　　　　　（b）

图 3-24　某两层农房建筑平面图

（a）一层平面图；（b）二层平面图

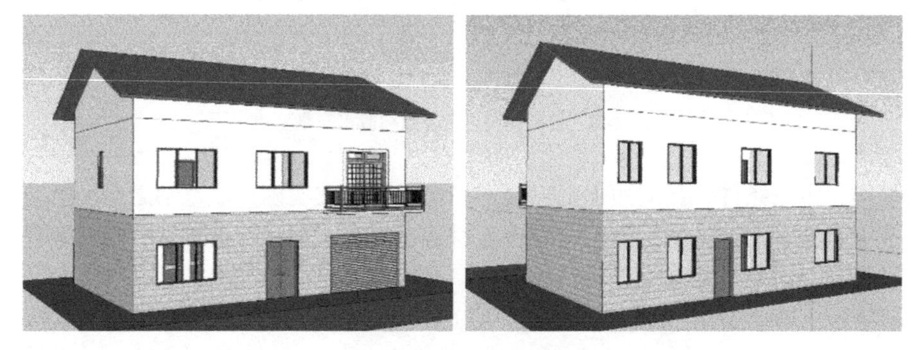

图 3-25　某两层农房建筑外观

2. 明确热域范围

农房一层主要为零售、接待和炊事区；二层为居室。因为一层经常有人往来，开敞度高，做保温处理意义不大。二层夏天热、冬天冷，晚上休息需要开空调，户主希望能够得到保温处理，且保温的主要区域是四个卧室，不包括厕所和书房。同时，户主不希望全部做内保温，以免占用过多的使用面积。

该农房的其他情况：一层地面雨季返潮较为严重，二层较为干爽；外窗玻璃表面及窗框冬季会出现冷凝，窗台有部分发霉现象。农房南侧是一条4 m宽的道路，北侧有一个院子，西向距离2 m左右是另一栋农房，东侧紧贴着其他建筑。当地及附近地区建材市场可以买到普通水泥、抗裂砂浆、玻纤布、XPS挤塑聚苯板、竹木纤维中空装饰板、防雨布、防水涂料等建筑材料，通过网络可以购买岩棉和其他必需材料。这些条件符合陕南地区一般农房建设的实际情况。通过对农房本身及其周边环境的考察，明确热域范围为二层的四个卧室及其中间的过道（见图 3-26）。热域边界包含卧室及过道四周的墙体、屋顶和楼板。

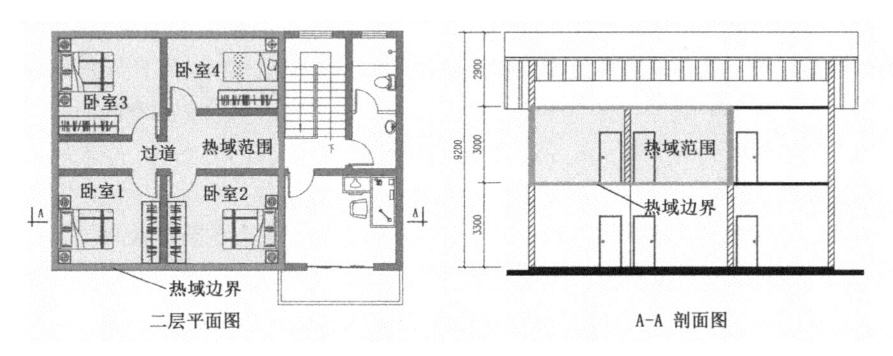

图 3-26 农房热域范围（灰色填充部分）

3. 保温构造可选方案

根据该农房周边环境和自身特征可以知道，其热域边界中的南墙、西墙和北墙属于原建筑外墙，而东墙属于原建筑内墙，热域上边界为封闭的平+坡屋顶，下边界为普通现浇混凝土楼板。热域的中心是过道，该过道东侧开敞，需要为其增加可开启的保温隔断。户主希望尽可能不要减少房间的使用面积，因此需要更多选择外保温构造。根据这些基础条件可以采用如表3-3所示的保温构造方案，更多可选保温方案可以在此基础上根据实际条件和需求进行调整。

表 3-3 农房可选保温方案列表

热 域	方案一	方案二
热域东墙	XPS挤塑板内保温	中空竹木纤维板内保温
热域西墙	XPS挤塑板外保温	XPS挤塑板外保温
热域南墙	XPS挤塑板外保温	XPS挤塑板外保温
热域北墙	XPS挤塑板外保温	中空竹木纤维板内保温
热域屋顶	XPS挤塑板	保温岩棉
热域楼板	铺设地暖	铺设地暖
保温隔断	断桥铝中空玻璃门隔断	塑钢中空玻璃门隔断
外窗	断桥铝中空玻璃窗	塑钢中空玻璃窗

方案一的特点是外墙和屋顶保温尽可能选择同一种保温材料，以简化材料的购买渠道，加快施工进度；使用较多的外保温构造，减少保温材料对室内使用面积的影响；铺设地暖，有利于改善冬季室内热环境；使用断桥铝中空玻璃门窗，改善热域开口区域的保温能力。方案二的特点是使用中空竹木纤维板作为内保温材料，这是一种集装饰和保温效果于一体的保温材料；采用干挂的施工方式，不产生甲醛等有害物质，有利于健康，但是会占用较多的室内面积；屋顶采用岩棉保温的方式，施工速度快；热域的门窗洞口选择塑钢中空玻璃门窗，隔热效果较好，且造价相对较低。方案一和方案二各有特点，下面以方案一为例，分析如何选取具体的构造材料和做法，以实现相应的节能效果。

4. 保温效果仿真模拟

陕南地区气候较为温和，热域外墙及屋面使用的XPS保温板，如果太厚会造成材料浪费，太薄则导致节能效果不佳。初步分析可知，采用30～50 mm厚度的XPS保温板在这一地区较为合理。设定热域东墙（内隔墙）使用20 mmXPS挤塑板做内保温，屋顶选用40 mmXPS保温板。因屋顶南北向墙体较低，在其两侧山墙各开设一个面积为山墙面积30%的可开闭通风口。使用EnergyPlus仿真模拟软件对热域进行模拟分析，以仅采用普通玻璃门隔断，不使用墙体保温材料的热域作为参照对象，对比南向、西向和北向三处外墙分别使用30 mm、40 mm和50 mmXPS保温板的节能效果。

基于Sketchup的Open Studio建立基础仿真模型（见图 3-27），假设各卧室的居住人数均为1人，其活动规律如图 3-28所示，建筑主体材料的物理计算参数见表3-4，模拟的基本设定见表 3-5。根据《民用建筑热工设计规范：GB 50176—2016》中相关物理计算参数，模拟热域的夏季制冷能耗和冬季采暖能耗，其中夏季制冷温度设定为26℃，冬季采暖温度设定为18℃。

图 3-27 农房仿真模型

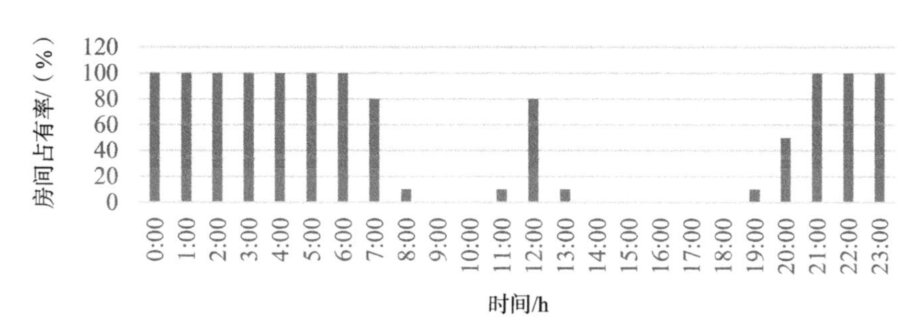

图 3-28　卧室人员活动规律

表 3-4　外窗及地暖材料的物理计算参数

类　别	构　造	可见光透射比	太阳辐射总透射比	传热系数K / W/（m²·K）
断桥铝合金中空玻璃窗	6透明+12空气+6透明	0.81	0.75	2.59
构　造	结构层级	干密度ρ_0 / kg/m³	导热系数λ / W/（m·K）	比热容C / kJ/(kg·K)
地暖构造	10mm仿大理石面层	2 800	2.91	0.92
	20mm水泥砂浆	1 700	0.87	1.05
	φ10热水管	-	-	-
	铝箔导热层	-	-	-
	20mmXPS保温板	35	0.03	1.38
	100mm钢筋混凝土楼板	2 500	1.74	0.92

表 3-5　模拟编号及热域外墙保温板厚度设定

模拟编号	XPS保温板厚度/mm	热域南墙	热域西墙	热域北墙
模拟1	0	√	√	√
模拟2	30	√	√	√
模拟3	40	√	√	√
模拟4	50	√	√	√

基于上述设定，进行相应的模拟实验，所得热域能耗值模拟结果见表3-6。

表 3-6　热域能耗值的模拟结果

模拟编号	季　节	单位面积能耗/（kW·h·m^{-2}）				
		卧室1	卧室2	卧室3	卧室4	热域平均
模拟1	夏季	82.6	78.12	74.18	73.01	76.977 5
模拟2		52.22	50.98	43.46	46.12	48.195
模拟3		51.12	50.48	42.47	45.58	47.412 5
模拟4		50.35	50.13	41.76	45.19	46.857 5
模拟1	冬季	175.48	167.56	175.04	176.54	173.655
模拟2		94.07	92.18	91.84	95.67	93.44
模拟3		90.59	90.31	88.25	93.17	90.58
模拟4		88.12	88.98	85.7	91.39	88.547 5

表 3-7　模拟所得节能率

模拟编号	模拟1	模拟2	模拟3	模拟4
节能率/（%）	0	43.5	44.9	46

由表3-7可以看出，与不设置保温的热域相比，外墙设置30 mmXPS保温板，即可实现节能43.5%的目标；随着保温板厚度增大，其节能效果不断加强。如果能够开启地暖，则热域能耗值会更低。通过上述实验可以看出，非整体复合式保温构造针对热域节能的做法，不仅可以大大减少建筑整体保温材料的使用，而且在满足主要功能空间热舒适前提下的节能效果十分显著。

5. 可行性分析

保温方案的优选是一个较为复杂的过程。整体而言，使用更厚的保温材料，可以实现更好的节能效果，但如果使用保温板厚度过大会造成资源和材料的浪费。对于陕南地区农房而言，保温构造属于新型墙体构造，这一地区使用保温材料的经验较少，地方施工队普遍不了解或不熟悉相关施工技术，当地建材市场可以选择的保温材料也十分有限。因此，如果在这一地区推广建筑保温，有必要提前对当地使用保温材料的适宜做法进行探究。以非整体组合式保温构造方法为例，可以利用仿真模拟软件对材料的选用进行仿真分析。实际项目中，基础条件越多，涉及的变量也就越多，讨论也越复杂。建议在实际工程中，多借鉴当地已有构造形式，在实践中探索最适宜的构造改进方式。因为篇幅有限，本书仅对热域外墙使用XPS保温板的外保温方式进行了讨论。模拟结果表明这一地区热域外墙保温大致可使用30～50 mm的XPS保温板，具体厚度及做法需要根据实际需求和现实条件等因素进行调整。

非整体组合式保温构造并不是一种新的构造做法，而是一种新的构造组合方式，用以适应陕南地区现阶段较特殊的农房保温需求，在国家“十二五”科技支撑计划项目支持下，进行了该方法的示范应用和现场实测。下文以两个示范项目为例，进行详细阐述。

3.3　非整体组合式保温构造节能效果的实践验证

1. 案例1：宁强县某安置点项目（见图3-28）

安置点1号农房的南向、北向和西向外墙已经贴有外饰面砖，不能拆毁饰面砖去安装墙体外保温，只能选择内保温构造做法；农房的东向外墙未做外饰面，因此可以采用外保温做法（见图3-29）。因为住户对建筑保温的概念不了解，在多次沟通之后，户主仅同意对农房三层进行改造。农房一层主要用于接待、炊事和储存，二层是为户主儿子准备的结婚用房，三层是户主计划自己居住的区域。三层功能房间包括南向的客厅、北向的两个卧室、一个家庭间、一个公用卫生间和一个主卧附带的卫生间。

图 3-28　安置点1号农房外观

图 3-29　安置点1号农房改造方案

通过对建材市场的调研可知，当地几乎没有出售XPS保温板的商店，但是有少数曾经做过墙体保温的工匠，通过工匠可以获取购买保温板的途径。经过与户主、工匠、施工队的多次沟通，对墙体的每一处做法都进行了商讨。最终对不能使用外保温构造的外墙，均使用30 mm XPS保温板做内保温，仅东向墙体使用30 mm XPS保温板做外保温；利用断桥铝合金玻璃门对楼梯间三层出入口进行分隔，使三层室内空间形成一个相对独立的区域；为家庭间直通阳台的玻璃门设置保温棉帘，阻挡冬季寒风；为所有外窗玻璃内表面张贴PET材质单向透视节能膜（XP-8607），其红外线阻隔率达80%以上，透光率为30%，能为散热较大的玻璃表面提供一定的保温作用和遮阳效果。冬季，外窗内侧安装EVA材料保温窗帘，保温窗帘与玻璃表面之间形成空气层，减少窗户热损耗，同时为三层主体空间室内通往阳台的外门安装保温棉帘，增强外门保温性能。屋顶采用30 mm XPS保温板（见图 3-30）。

（a）　（b）　（c）　（d）

（e）　（f）　（g）

图 3-30　安置点1号农房外墙保温及可再生能源利用

（a）XPS保温板外保温做法；（b）外保温和内保温转角处理；（c）楼梯隔断；（d）外窗玻璃贴保温膜；（e）外窗玻璃冬季安装保温窗帘；（f）通往三层阳台的外门冬季安装保温棉帘；（g）安装太阳能热水器

一系列改造方案完成之后，陕西省建筑科学研究院的专业检测人员对该农房三层的室内热环境参数及冬季采暖能耗进行检测。结果表明，改造农房与既有农房比较，单位面积能耗相同条件下，舒适度提高20%以上；室内温度相同条件下，全年采暖空调能耗降低18%以上；成本增量控制在建筑造价15%以内。检测结果证明，非整体组合式保温确实具有良好的保温效果。在改造完成之后进行了回访，用户对改造效果十分满意，反馈其能够明显感觉到，在夏季不使用空调的情况下，三层室内温度比邻居家农房三层的室内温度低；在夏季使用空调的情况下，室温下降的速度也显著加快。安置点内部及其周边的居民经常过来体验保温强化后的农房。在1号农房的正前方，有一栋正在新建的农房，其家人不仅主动参观学习并接受了示范农房设置保温的理念，而且整体采用了节能效果更好的外保温构造做法，并且所有外窗均采用了断桥铝窗（见图3-31）。从这个案例可以看出，示范农房所采用的理念和方法已经开始被陕南地区农村居民接受和认可，预计未来将不断得到更多的应用。

图 3-31　主动学习并采用整体外保温构造的农房

2. 案例2：商南县某村项目

非整体组合式保温构造的做法不仅在汉中地区成功实践，其节能效果也在商洛地区得到验证。示范农房位于陕南商洛市商南县某村（见图3-32）。该农房主体为三层，之前其南向已使用真石漆进行了外墙装饰，东、西、北向墙体使用白色外墙涂料进行装饰。户主反映这一地区冬季体感寒冷，卧室热舒适度不足，且开启空调需要较长时间才能提高室内温度。因此希望对农房的二层和三层卧室进行保温优化，其中，最主要的是二层的三个卧室。该村地理位置较偏僻，村中仅有一条两车道的乡村公路通往村外，村民主要依靠往返于县城的村村通公交车与外界往来。近年来，这一地区正在大力推进旅游开发，因此运输车已可到达村落，最近的快递点距离农房约

图 3-32　商南县某村农房俯视照片

20分钟车程，可以从网上购买材料并运送到农房所在位置。经过综合分析，决定对该农房南向外墙采用内保温做法，东西向外墙采用外保温做法，北向卧室的北墙采用内保温做法（见图 3-33）。住户提出农房西北向储存间不常使用，且厨房不需要保温，因此对西向墙体不进行整体保温处理，仅对覆盖卧室的墙体设置保温构造。农房三层屋顶进行了外保温处理；二层为主要生活空间，安装地暖可提高热舒适性，安装区域如图 3-34所示。

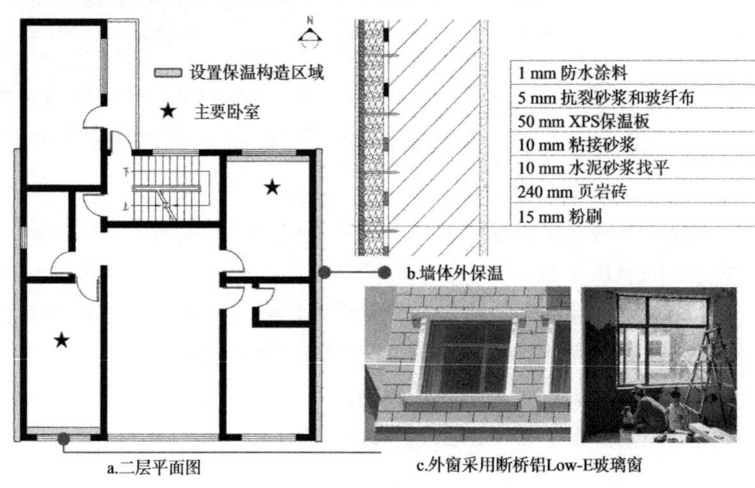

图 3-33　商南县某农房平面图及保温做法

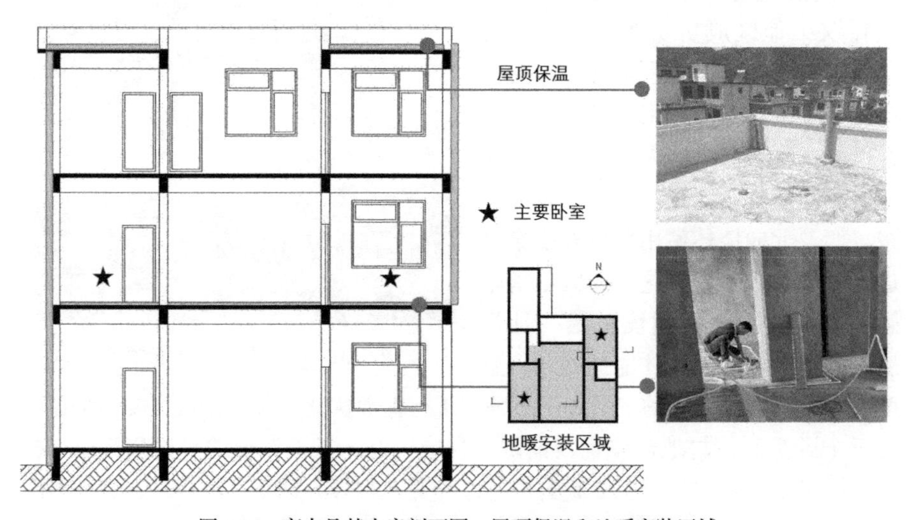

图 3-34　商南县某农房剖面图、屋顶保温和地暖安装区域

改造完成后，陕西省建筑科学研究院在当地选取一类似农房作为参照对象，对其室内舒适度和采暖能耗进行实测（见图3-35）。考虑到两农房在平面布局上的差异性，仅针对其二层南向和北向卧室能耗进行对比分析，结果见表3-8。

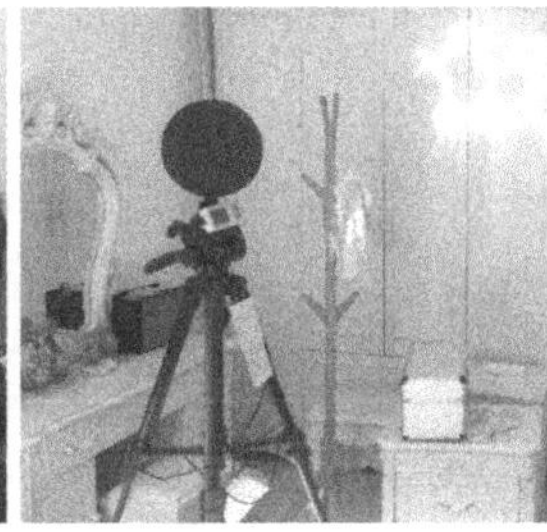
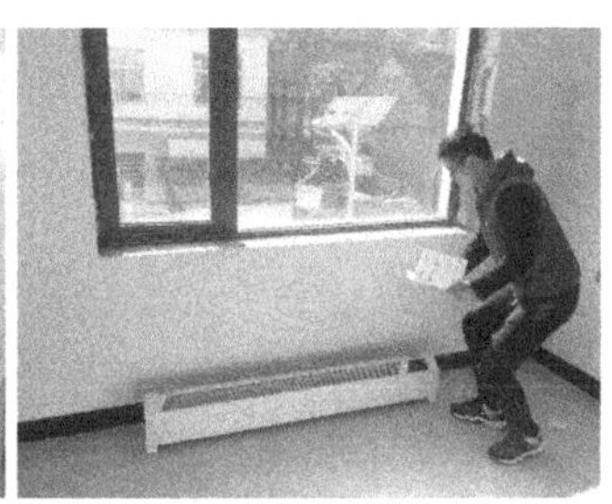

图3-35　测试过程

表3-8　商南县改造农房和对比农房的能耗对比

时　间	室外温度 ℃	室内温度 ℃	能耗/（kW·h·m^{-2}）		单位面积能耗/（kW·h·m^{-2}）	
			改造农房	对比农房	改造农房	对比农房
11月27日	7.36	15	28.81	58.9	37.17	47.75
11月28日	7.77	16	33.37	70.37	43.04	57.04
11月 29日	8.57	18	45.35	90.77	58.5	73.58
11月30日	7.54	18	43.54	86.25	56.17	69.92
12月1日	6.9	18	42.86	85.52	55.29	69.33
12月2日	7.57	17	36.11	76.38	46.58	61.92
12月3日	6	17	35.79	70	46.17	56.75

经计算可知，改造农房与既有农房相比，单位面积能耗相同条件下，热舒适度提升10%以上；室内温度相同条件下，全年采暖空调能耗降低23%以上；成本增量控制在建筑造价的38%以内。

上述两个案例的实施和实测验证，表明在陕南地区农房中采用非整体组合式保温构造做法，可以很好地适应当地自然气候条件，农村居民生活习惯及一般需求，也符合当地现阶段经济发展水平、技术市场条件等。这种做法不仅适用于新建农房，而且特别适用于各种不同情况下的农房改造，因此具有较好的现实意义和推广价值。

需要注意的是，以上构造优化做法的着眼点，主要在于提升农房的冬季保温性能，陕南地区属于夏热冬冷地区，因此在采用以上做法的同时，还应结合适宜的夏季通风、遮阳等措施，才能达到全年舒适、节能的综合优化效果。

第4章　陕南地区绿色农房的气候适应性优化设计方案

4.1　优化设计案例一："聚土为家"竞赛方案

"中天杯"第五届中国梦绿色建筑创意设计竞赛的题目之一是舒适农家——秦岭南麓地区气候适应性绿色农房方案策划与设计，其中一个获奖方案以"聚土为家"为主题，以陕南地区传统民居原型作为核心出发点，结合低技术绿色营建方法，探讨具有地域特点的绿色农房设计方案（见图4-1）。

图 4-1　"聚土为家"设计方案效果图

4.1.1　设计理念

在震后搬迁安置中，如何重新建构村民对过去乡土的回忆，唤起人们昔日生活记忆，成为本方案的主旨理念。设计从当地民居建筑基本型出发，继承历史积淀下来的、潜在的、能够回应自然生态和人文环境的建筑经验，重组原初的、普遍的建筑型制，并且在农房组团间增加集体耕种区域，还原传统的劳作场景，唤起乡情的人文关怀，并针对汉江源头环境保护，选用适应当地经济水平的低技术绿色营建方法进行了重点考虑。

4.1.2　基于模式语言的空间布局设计

方案平面以庭院为中心展开布置，这一出发点源于陕南地区传统天井式民居中的核心元素——“天井”。整体布局主要分为四部分：主体建筑、前庭院、储藏室与后庭院。为提高建筑的物理性能，获得良好的热舒适度，将主要生活房间集中布置于主体建筑中。主体建筑采用类似三开间的基本型制，在客厅南向设置阳光间，既起到室内外热缓冲的作用，也增加对阳光的利用。客厅、餐厅、厨房以及老人房布置在一层，主卧与次卧布置在二层。

传承陕南地区传统民居原型对储藏空间的利用方式，将二层坡屋顶下方三角形空间分隔作为阁楼，既满足了储藏的需要，也起到保温隔热的作用。同时在二层设置露台，既可用于晾晒，也可作为休闲空间。前庭院由主体建筑与储藏空间围合而成，在庭院中开辟了用于耕作的菜园以满足居民对耕种的愿望。储藏室面积较大，可以为居民提供足够的贮藏空间。后庭院直接与厨房相连，方便堆放木柴等杂物。为了便于相邻农宅之间形成组团，方案设计了南向入口和北向入口两种布局形式（见图4-2）。两种布局形式采用同一设计理念，但具体布局方式有所区别。

南向入口农房和北向入口农房的二层平面相同（见图4-3），露台均为南向，利于获得更多日照。

立面处理上，沿用了传统民居原型中双坡屋顶的元素，屋檐出挑形成檐下空间用于避雨；利用二层露台的后退形成垂直方向的凹凸，增加建筑空间形态的层次感，使立面达到虚实结合的效果；北向开窗面积较小，以提高建筑的保温性能；外墙色彩选用与传统民居土坯墙同一色系，但相对较深的颜色，使建筑可以延续当地传统民居淳厚朴实的风格，并与自然环境相协调（见图4-4、图4-5）。单层的储藏间与两层高的主体建筑通过庭院相连，在空间形态上也与传统民居的错落感相呼应，唤起居民对传统居所的回忆，寄托人们的乡土情思（见图4-6、图4-7）。

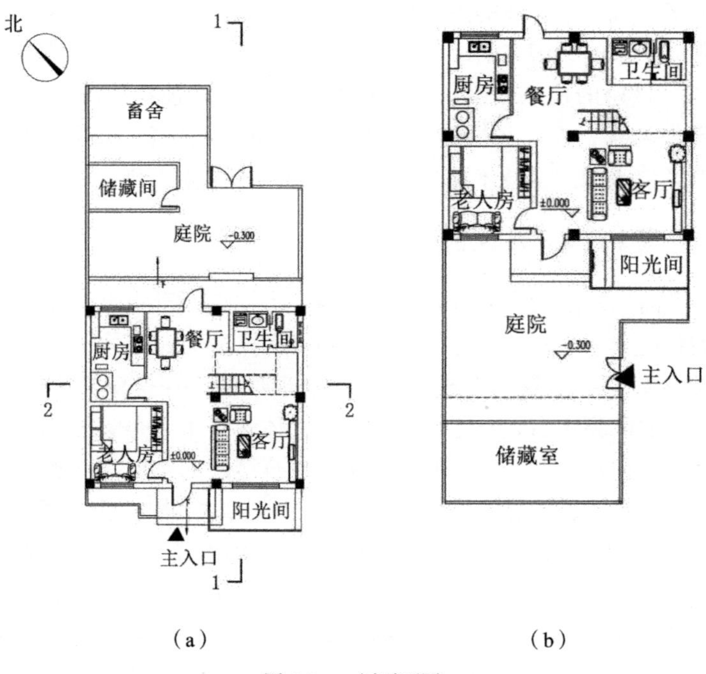

（a）　　（b）

图 4-2　一层平面图

（a）北入口户型一层平面图；（b）南入口户型一层平面图

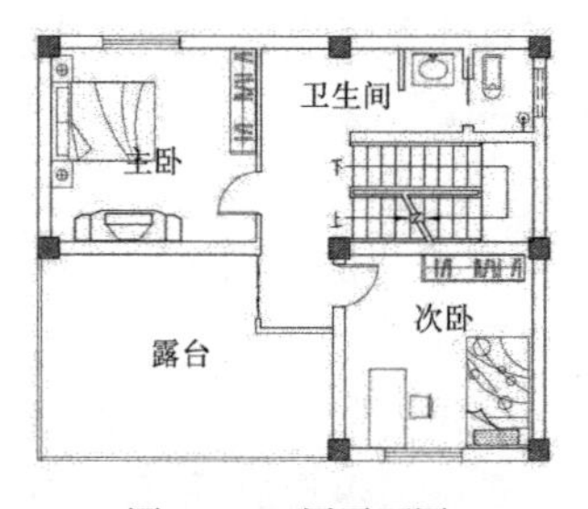

图 4-3　二层平面图

图 4-4　南入口户型南立面图

图 4-5　南入口户型西立面图

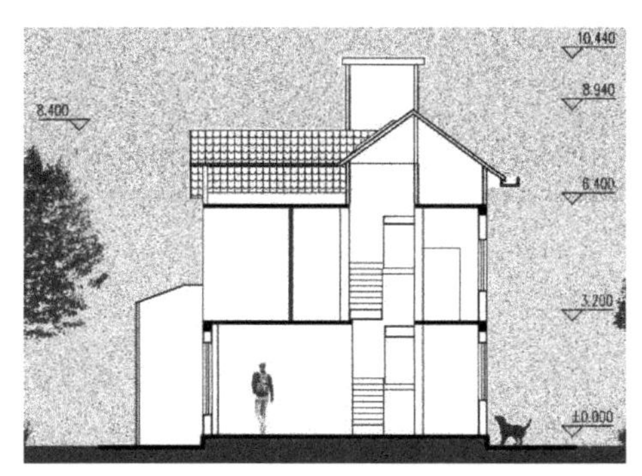

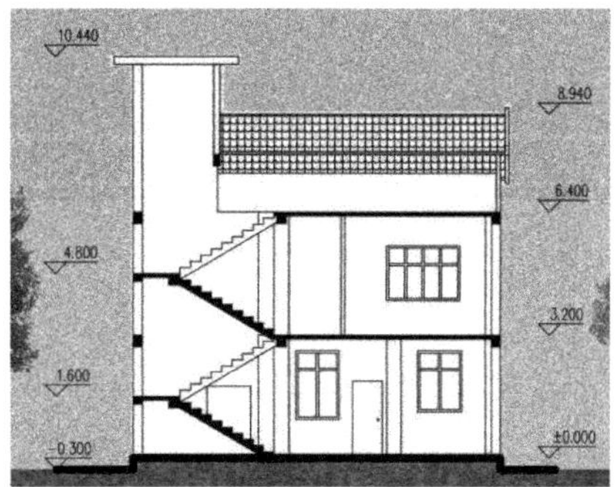

图 4-6　剖面图

图 4-7　方案效果图

4.1.3　性能优化设计

（1）自然通风

将农房的主要功能房间布置在夏季迎风面，辅助房间布置在背风面；同时利用楼梯间和阁楼作为拔风井，加强室内空气流动，在促进室内外空气交换的同时，减少夏季室内热量的聚集。

（2）自然采光

农房单体之间设置较大间距以避免光线遮挡；选择良好朝向以保证充足的采光；选用合理的窗户尺寸，使房间能最大限度地利用自然采光。

（3）加强保温

陕南地处夏热冬冷地区与寒冷地区的交界处，在注意夏季防热的同时，必须兼顾冬季保温。选用布局紧凑、体形系数相对较小的建筑形式以减少冬季热量损失；在客厅南面设置阳光间以获得更多的太阳辐射，提升冬季室内空气温度；将蓄热材料用于围护结构来调节室内温度。

（4）排水防潮

因当地降雨量大，选用坡度为30°的坡屋顶，利于快速排水，出挑的屋檐为人们提供下雨时交谈和劳作的檐下空间。底部抬高基础、屋顶设置架空层起到防潮作用。

（5）材料选择

选用具有低能耗、可回收、可再生、易降解特点的建筑材料，如竹木复合板、秸秆复合板、纤维复合板等，既满足保温性能，也达到环保、循环再利用的效果。院墙以及院落中的隔断借鉴当地传统民居原型中的石砌技术，采用石块或卵石砌筑，既满足就地取材的需要，又将传统元素运用于现代农房中，赋予农房更浓郁的地域特色。

4.2 优化设计案例二：袁家坪村农房设计方案

4.2.1 设计理念

方案选址在袁家坪村新街，目标是在当地既有农房原型的基础上新建农房，在控制造价的前提下，提出符合传统建筑风格的气候适应性绿色农房解决方案（见图4-8～图4-11）。

图 4-8　袁家坪村农房设计方案效果图

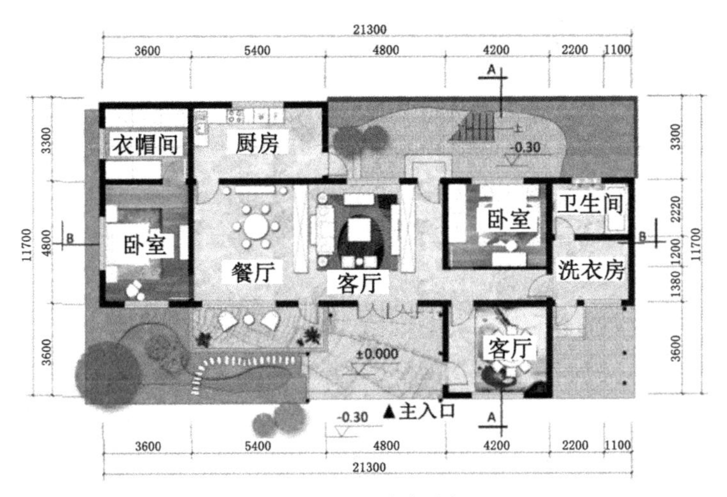

图 4-9　一层平面图

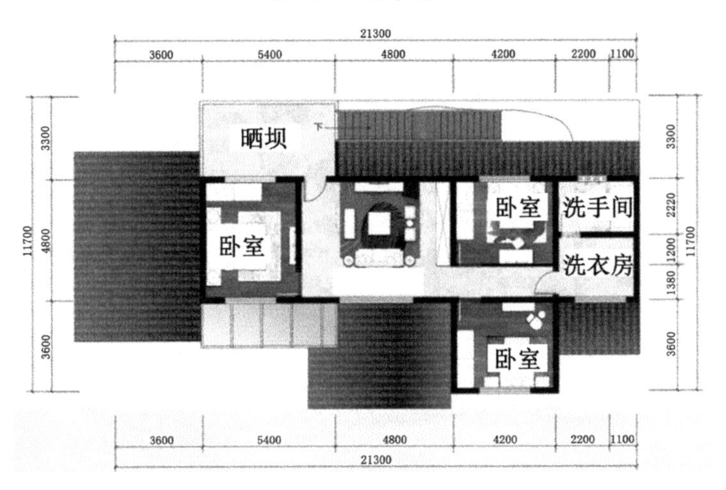

图 4-10　二层平面图

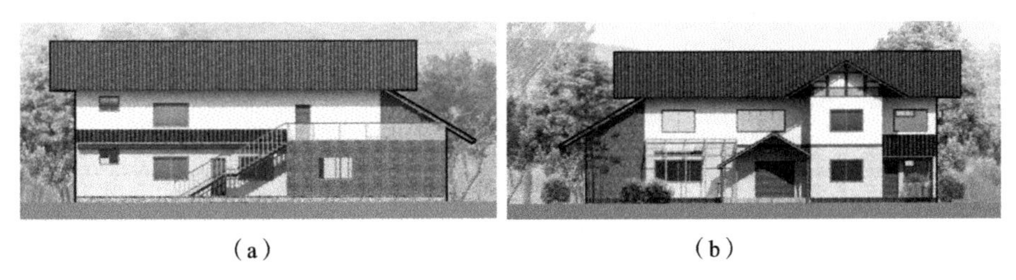

（a）　　　　　　　　（b）

图 4-11　立面图

（a）西立面图；（b）东立面图

方案平面布局从传统农房平面布局基本型发展而来。利用现代建造技术可以营造大空间的优势，将部分功能房间连通，以获得更好的室内采光和居住体验。在立面处理上，使用当地材料，如页岩砖、土坯砖和青瓦。这些材料取材方便，造价低廉。结合工业化生产的要求，主要外饰面采用集成化板材。加上适宜的绿色技术如阳光间、雨水收集再利用装置等，营造出一套实用、经济、绿色、美观的乡村农房。

首先，根据地形，选择“L”型农房布局原型（见图4-12）。其次，根据当地使用者的普遍需求，将农房设计为两层，并将厨房、厕所、洗衣房设置在建筑主体的一侧。再次，根据木架的高度，提升屋顶高度。最后，根据绿色技术应用的要求，进一步调整屋顶形式，形成建筑的最终形态（见图4-13）。

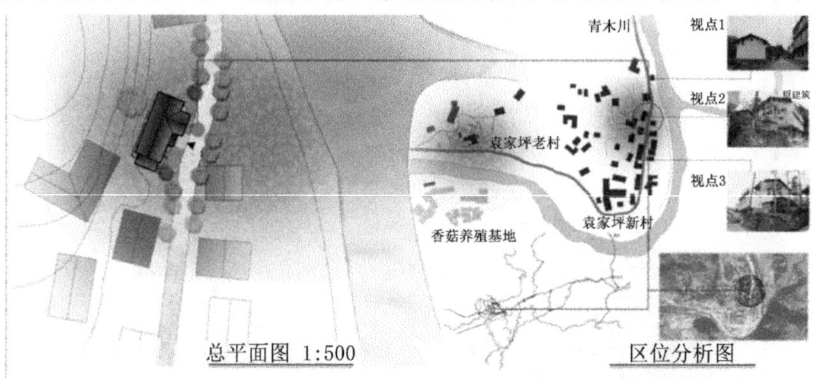

图 4-12　总平面及区位分析图

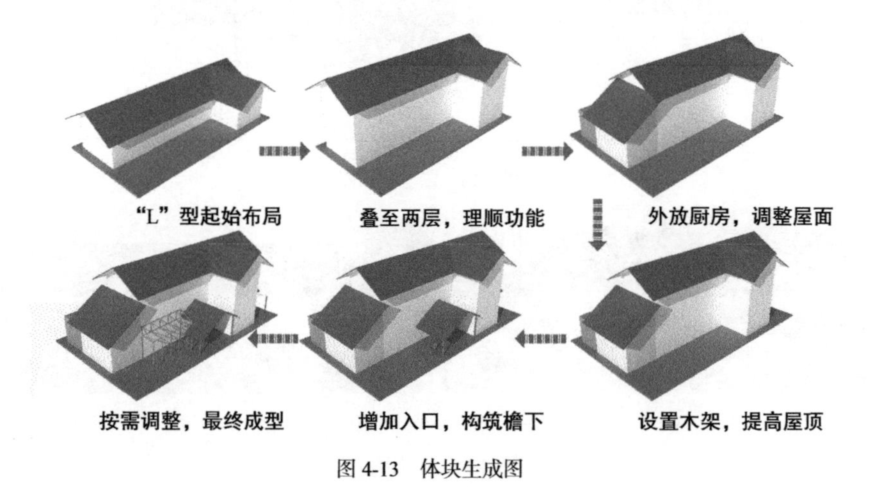

图 4-13　体块生成图

4.2.2　基于模式语言的材料选择和构造优化

方案立足当地实际，尽可能使农房的设计语言与传统建筑相呼应，保留传统建筑下实上虚，坡屋顶错落有致的外观感觉。选择木架构筑形式和青瓦屋面，墙体材料采用当地较为普遍的页岩砖和优化土坯砖，基础使用取材方便的块石及卵石。为适应工业化的营建方式，将传统材料和工业化生产方式相结合，建筑构件采用工厂化生产、现场拼装的方式，减少对场地的污染和破坏（见图4-14）。

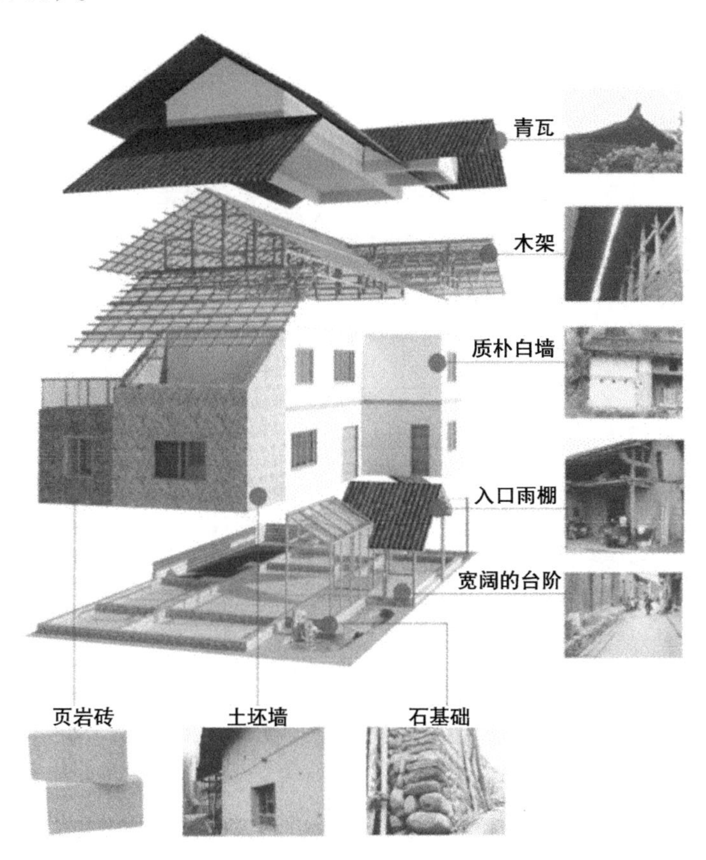

图 4-14　材料的模式语言运用

4.2.3　性能优化设计

绿色技术集成方式如图4-15所示。

建筑主要功能房间的门窗朝向西南，可以接受西南向的夏季凉风。只需打开门窗，即可形成穿堂风，降低室内温度。建筑的次要功能房间置于西北方向，同时减少该方向开窗，可以降低冬季西北向寒风对主要功能房间的影响，从而提高舒适度，减少热损失（见图4-16）。

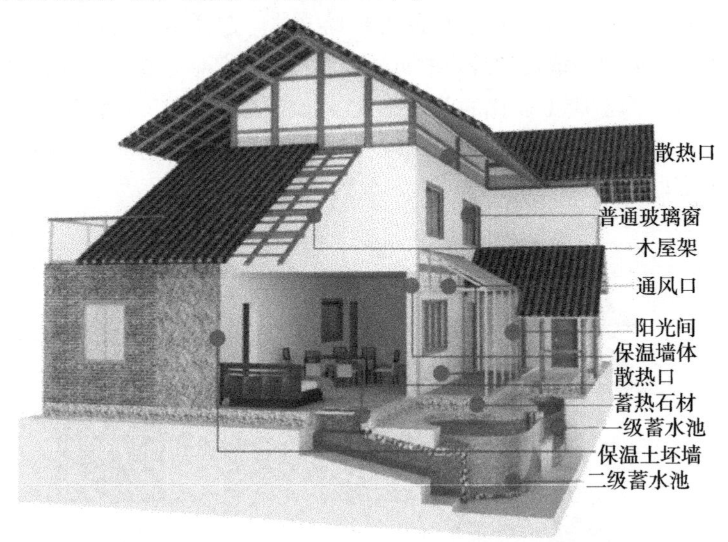

图 4-15　绿色技术集成示意图

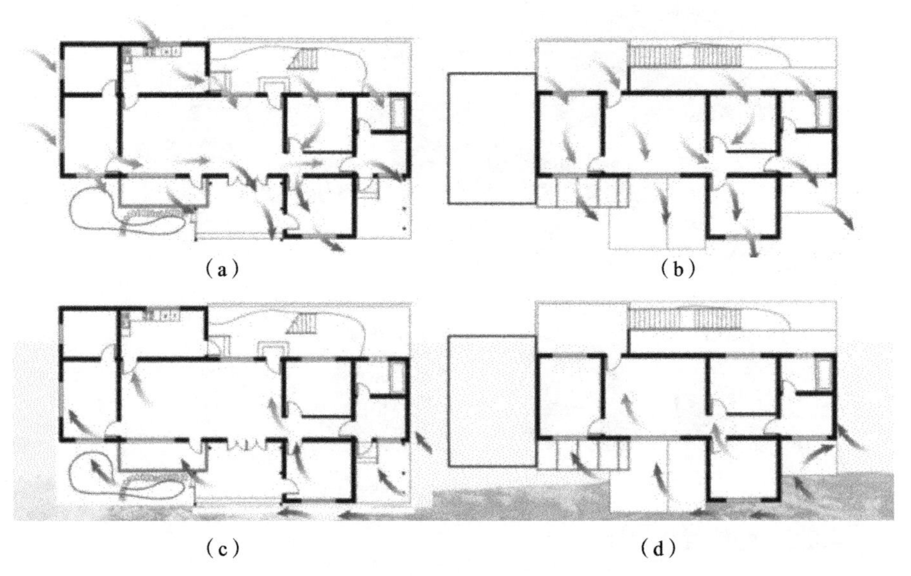

图 4-16　通风示意图

（a）一层夏季通风；（b）二层夏季通风；（c）一层冬季通风；（d）二层冬季通风

冬季白天时，阳光间通往室内的上下通风口打开，阳光间中受到太阳辐射而升温的空气，从上部通风口进入室内；同时，室内冷空气从下部通风口进入阳光间，如此形成空气和热量循环。夏季白天时，阳光间通往室内的通风口关闭，阳光间中的热空气不进入室内；同时，屋顶及阳光间的对外通风口打开，室内热空气在热压作用下，从屋顶及阳光间的对外通风口排出。冬季白天蓄水池接受太阳辐射热升温，关闭蓄水池的对外散热口，热量积聚在由蓄热材料围成的空腔之中，持续加热蓄热体和空腔中的空气。夜间打开蓄水池通往卧室的散热口，将空腔中的热气释放至室内，与蓄热体同时向室内辐射热量，改善室内热舒适度（见图4-17）。

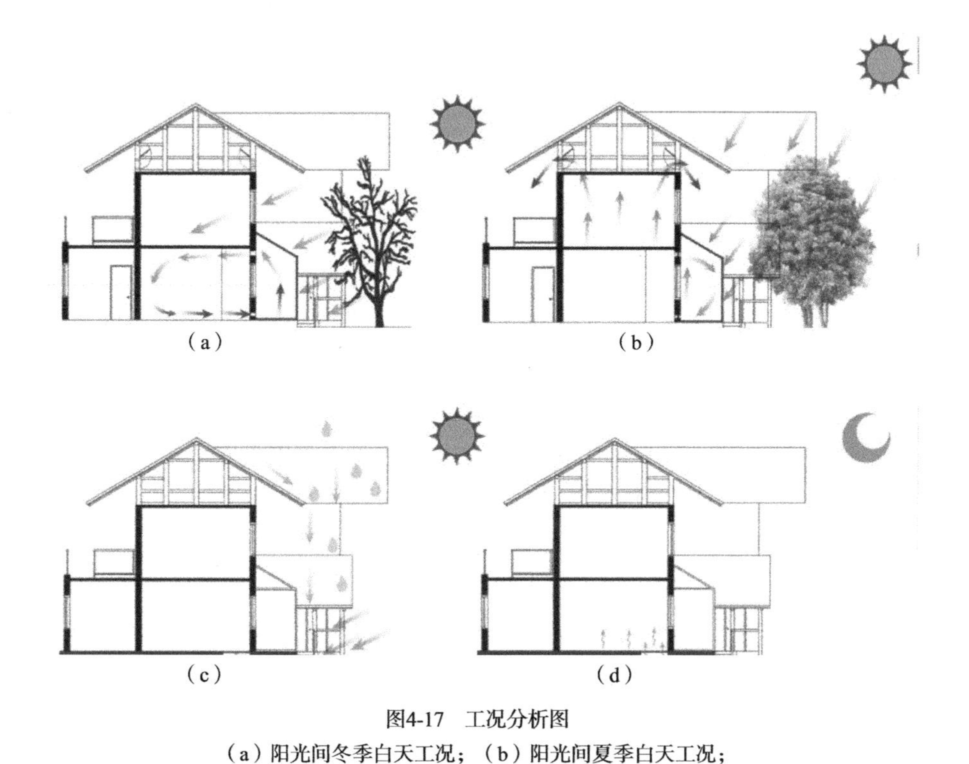

图4-17　工况分析图

（a）阳光间冬季白天工况；（b）阳光间夏季白天工况；
（c）蓄水池冬季白天工况；（d）蓄水池冬季夜间工况

采光分析如图4-18所示。

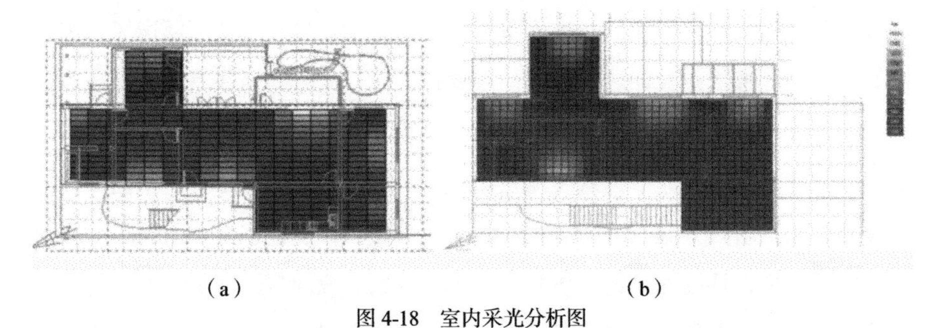

（a）　　　　　　　　　　　　　　（b）

图 4-18　室内采光分析图

（a）一层采光分析图；（b）二层采光分析图

4.3　优化设计案例三：汉源镇农房设计方案

4.3.1　设计概况

方案选址在汉源镇某居民安置点（见图4-19～图4-23）。在安置点原建设方案基础上进行优化设计：首先，完善平面布局；其次，调整立面风格，使其与当地传统建筑更为融合；最后，增加必要且经济有效的绿色技术，使新建农房既有时代特色，又与传统呼应。

图 4-19　汉源镇农房设计方案主入口效果图

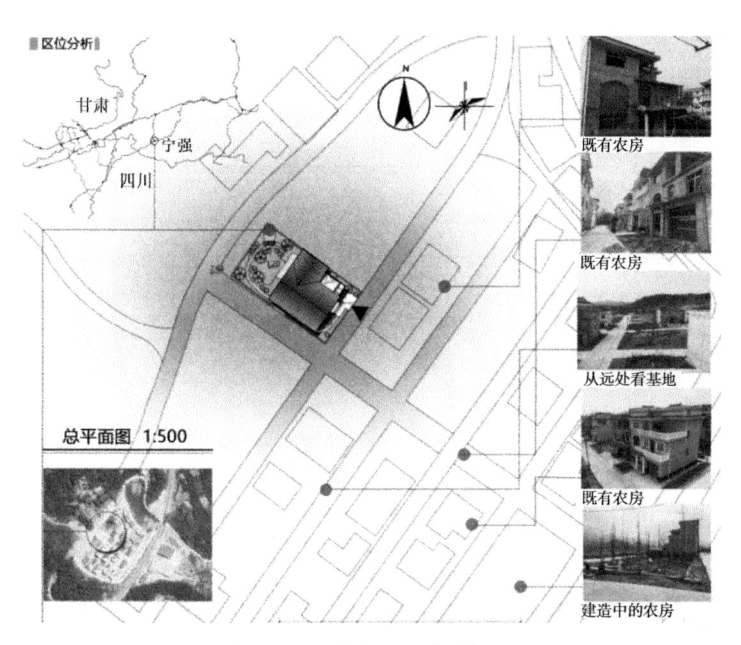

图 4-20　总平面及区位分析图

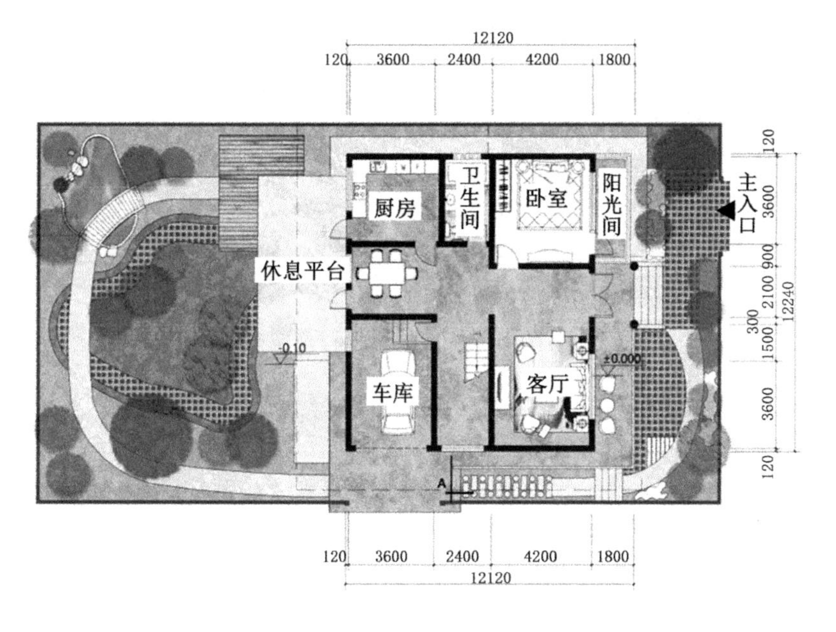

图 4-21　一层平面图

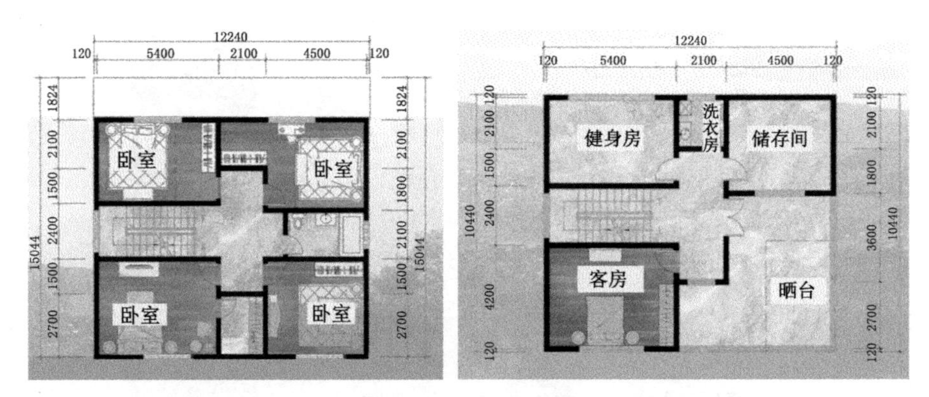

图 4-22　二、三层平面图

图 4-23　立面图及剖面图

4.3.2　基于模式语言的材料选择

方案同样选择传统的木架构建筑形式和青瓦屋面，墙面材料采用当地较为常见的页岩砖，基础使用取材方便的块石及卵石。为适应工业化的营建方式，将传统材料和工业化的生产方式相结合，设计可在工厂生产并便于运输的建筑构件，进行现场装配，减少对场地的污染（见图4-24）。

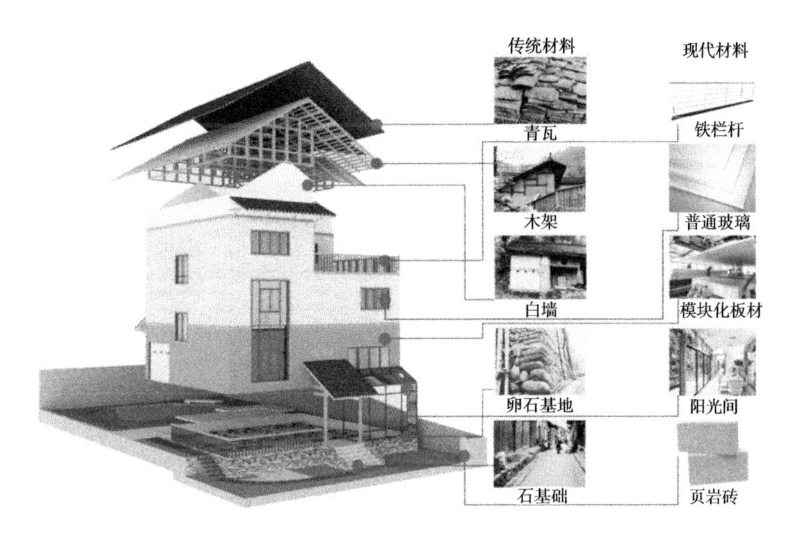

图 4-24 建筑材料选择分析图

4.3.3 性能优化设计

绿色技术应用如图4-25所示。

图 4-25 绿色技术应用示意图

夏季时，阳光间与室内空间之间的通风口关闭，太阳辐射热不进入室内。打开屋顶通风口，室内热空气在热压作用下从屋顶两侧通风口散出，从而降低室内温度。冬季时，阳光间受太阳照射得热，热空气从阳光间墙体上部通风口进入室内，加热室内空气；同时，室内冷空气从墙体下部通风口补充进入阳光间，并在阳光间吸热升温，如此循环使室内温度提升（见图4-26）。

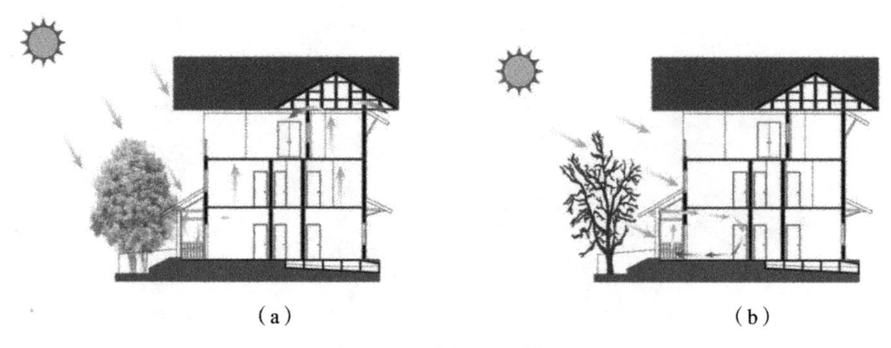

（a）　　（b）

图 4-26　阳光间工况分析图

（a）阳光间夏季白天工况；（b）阳光间冬季白天工况

通风效果如图4-27所示。

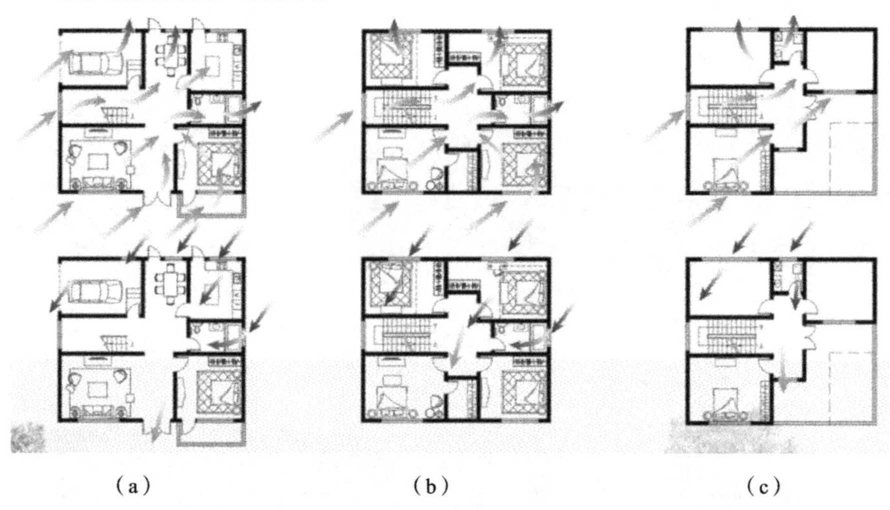

（a）　　（b）　　（c）

图 4-27　通风效果示意图

（a）一层平面；（b）二层平面；（c）三层平面

中水回用系统利用重力让水自然下流，再以自然砂石和木炭等对浴室、厨房的中水进行逐级过滤，最终将过滤的水收集到水池之中，可用于灌溉，也可用于洗车和拖地等（见图4-28）。

图 4-28　中水回用系统示意图

室内采光分析如图4-29所示。

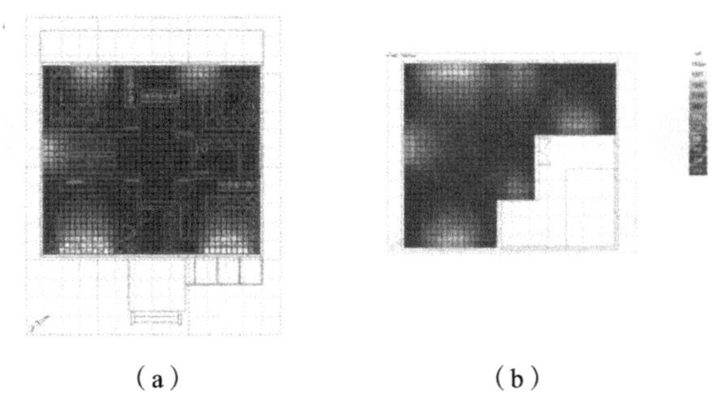

（a）　（b）

图 4-29　室内采光分析图

（a）一层采光分析图；（b）三层采光分析图

4.4　优化设计案例四：独居老人农房改造方案

4.4.1　农房现状

该农房方案选址在陕南地区某历史文化名村。针对当地村落空心化，老年留守人口较多，以及旅游业逐渐发展的情况，选择2处既有农房进行绿色改造设计。

农房1的使用者为独居老奶奶，主营面皮制作体验及餐饮，以此利用家里多余的农房空间进行创收。农房2的使用者为独居老爷爷，儿子外出打工，因此准备了次卧，为其打工回来时居住，平时可与二层民宿结合，作为包厢，同时庭院可作为酿酒体验式商业的餐饮区，以实现双项创收。两座农房都有储物兼做晾晒的空间，以适应日常生活需求。

选址内两座农房相连但分属两家，所以在设计时未合并在一起。农房1南侧房间为新建，农房2西侧厢房正在进行修缮，此外均为旧房。农房1西侧入口通过小巷与村次路连接，农房2北侧入口与东街主路通过室外活动场地连接。

4.4.2 基于模式语言的功能空间布局（见图4-30、图4-31）

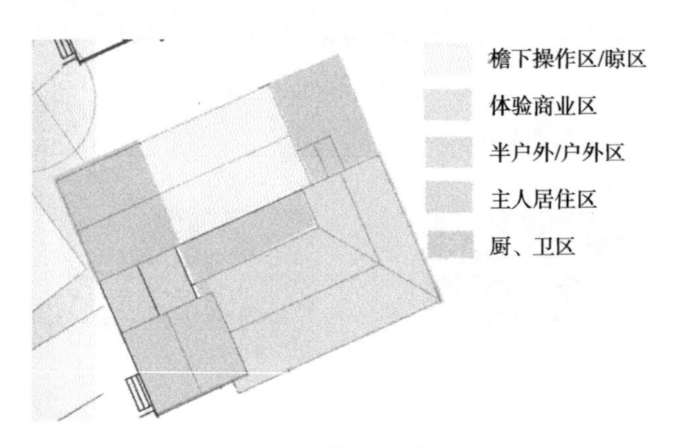

图 4-30 功能分区示意图

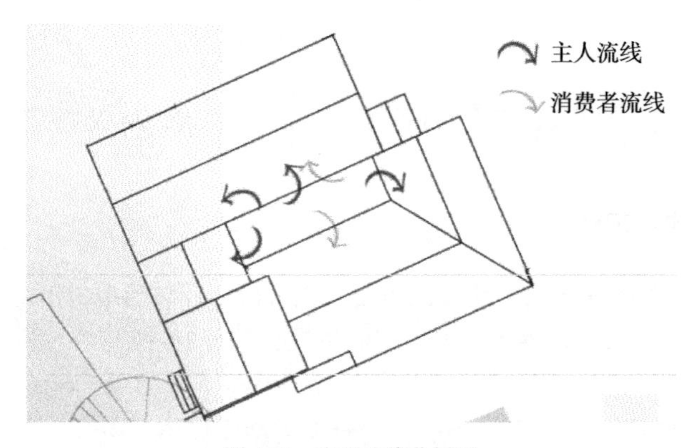

图 4-31 交通流线分析图

4.4.3　基于模式语言的构造优化（见图4-32、图4-33）

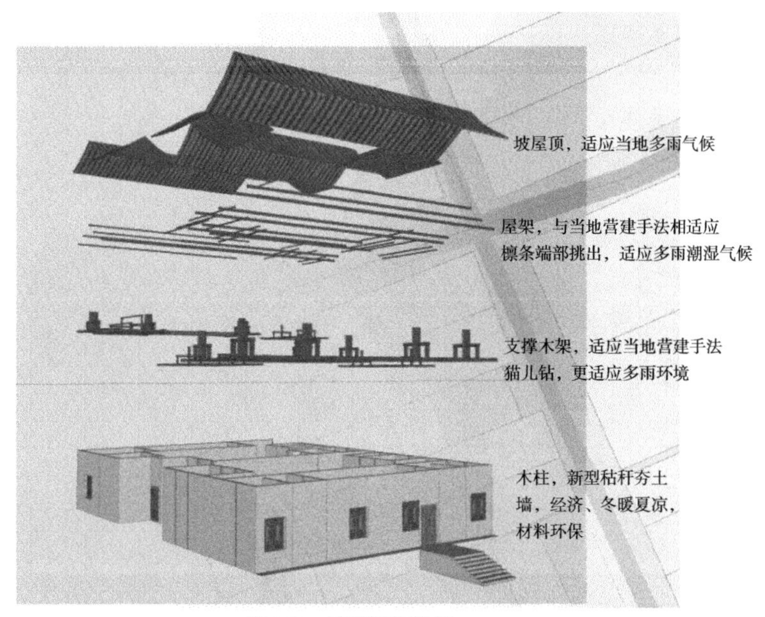

图4-32　建筑语汇分析

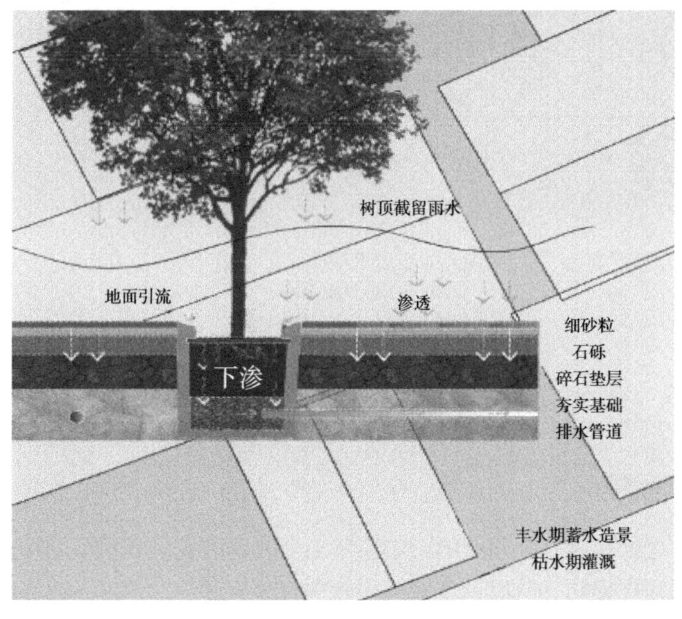

图4-33　树池雨水收集装置

4.4.4 性能优化设计

农房采用坡屋顶，利于排水，同时主要开口迎向夏季主导风向，平面布局兼顾通风要求，保证建筑内部空间夏季通风良好；冬季关闭房屋西北、西南向外窗，避免寒风进入室内，保持室内热舒适，如图4-34所示。

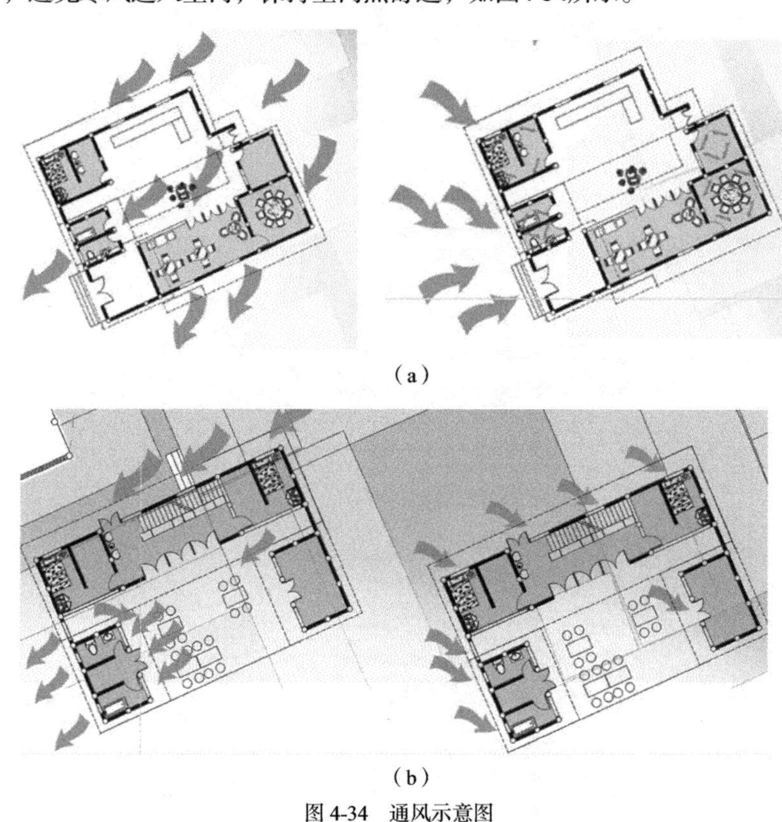

（a）

（b）

图 4-34 通风示意图

（a）夏季工况；（b）冬季工况

4.5 优化设计案例五：乐丰村农房改建方案

4.5.1 设计概况

该农房在之前作为办公建筑的旧农房基础上改建而成，其承重结构及围护结构均有不同程度损坏，所以首先对其现状进行分析评估，并对后续修缮提出建议（见图4-35）。

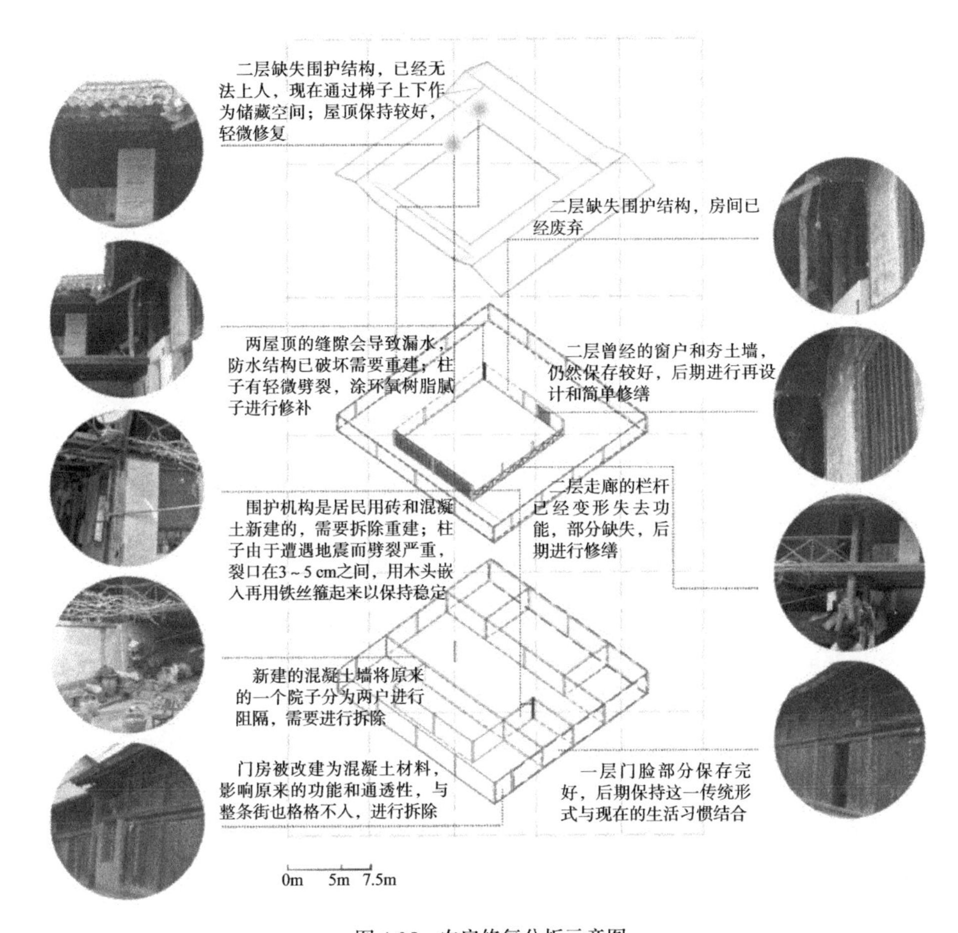

图 4-35 农房修复分析示意图

4.5.2 结合商业需求的空间布局设计

农房位于主街村民活动中心西南角，交通便利，游客和村民方便到达。商铺沿古街布置，南侧大部分为农房（见图4-36～图4-40）。

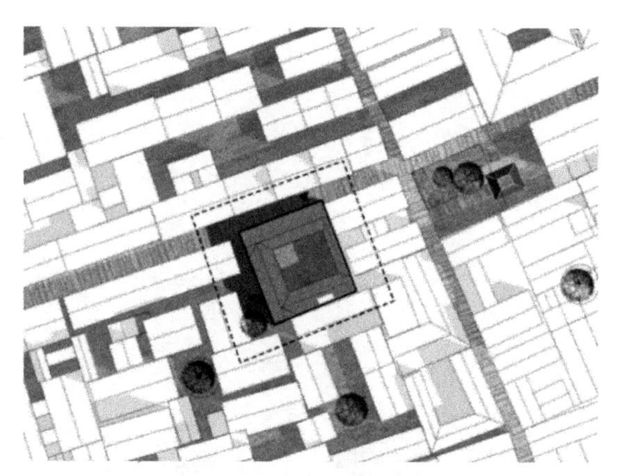

图 4-36　农房及周边环境示意图

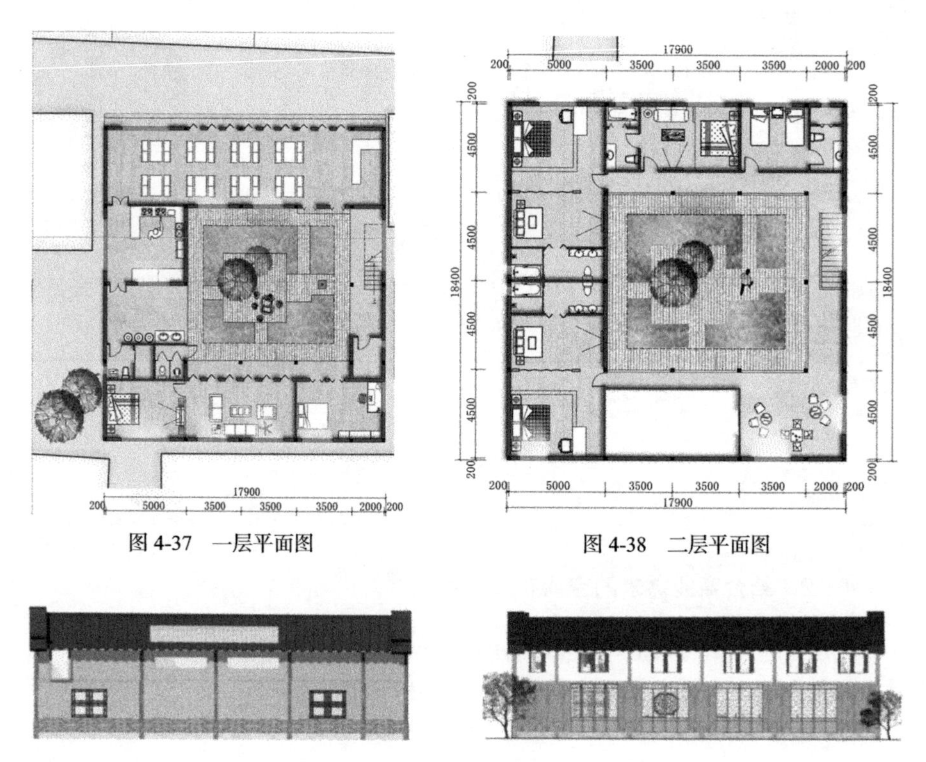

图 4-37　一层平面图

图 4-38　二层平面图

图 4-39　立面图

图 4-40　剖面图

4.5.3　性能优化设计

采用阳光间提升农房冬季室内温度，为避免夏季过热，使用百叶进行夏季遮阳。抬高屋顶形成通风间层，促进夏季通风散热（见图4-41～图4-43）。

图 4-41　通风、遮阳、蓄热分析图

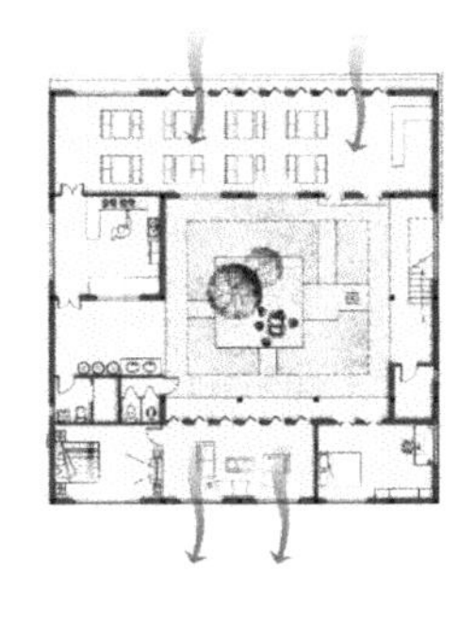
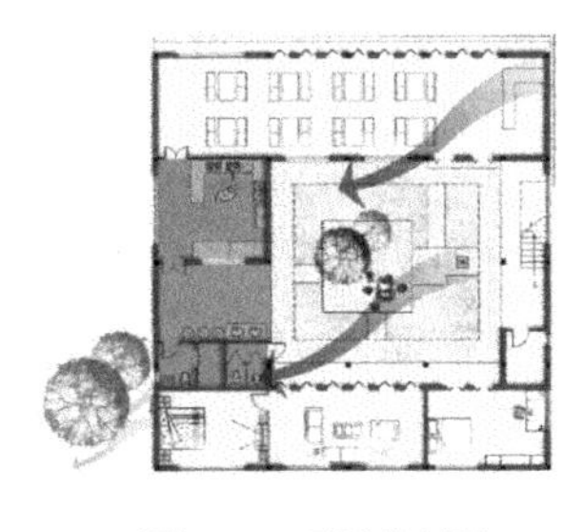
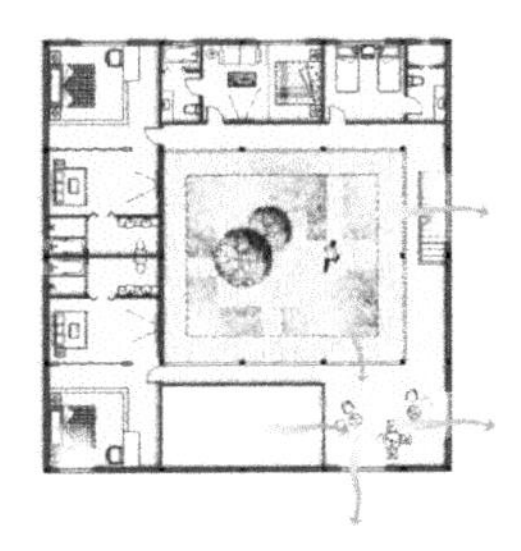

图4-42　通风分析图

图 4-43　室内效果图

4.6　优化设计案例六：燕子砭村农房设计方案

4.6.1　设计理念

方案选址在燕子砭镇燕子砭古村街道。通过使用传统材料和现代的钢木结构技术，利用传统空间，农房与古村的环境相融合。设置三层阁楼作为储物空间，二层可以使用挑出的檐下空间，设置室内绿化和半室外天井以及一米阳光休息间，使农房富有浓郁的生活气息（见图4-44～图4-49）。

图 4-44　燕子砭农房设计方案效果图

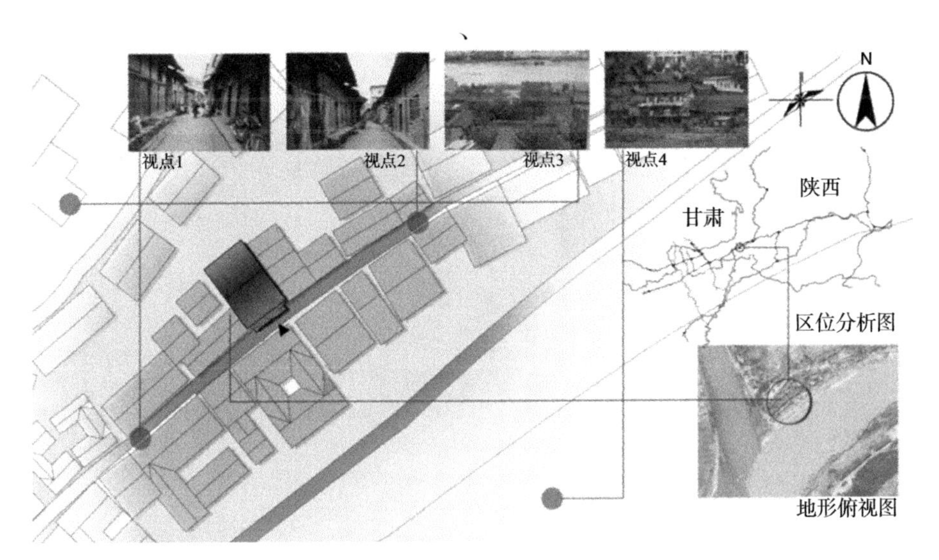

图 4-45　区位及总平面示意图

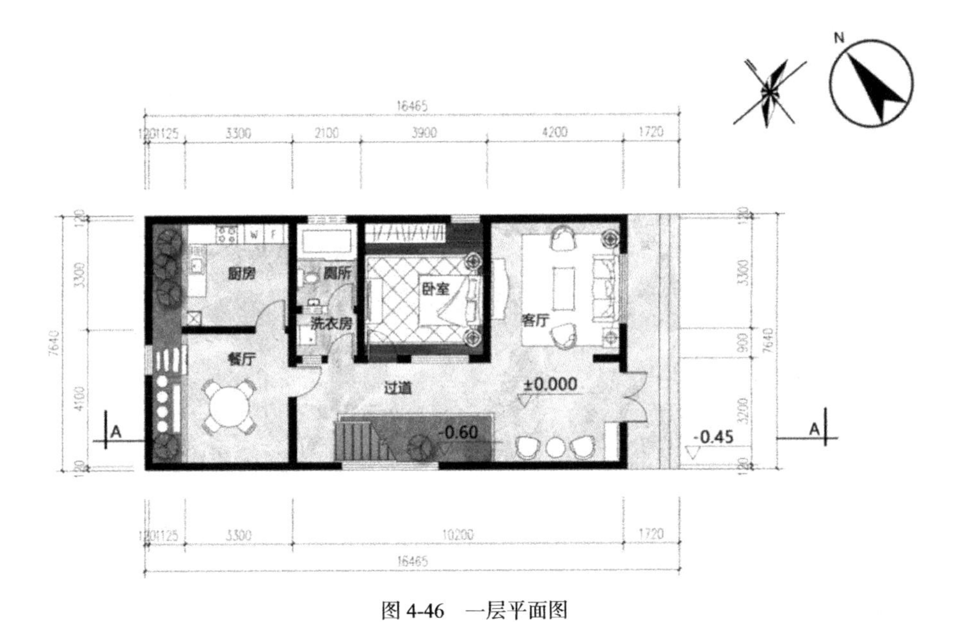

图 4-46　一层平面图

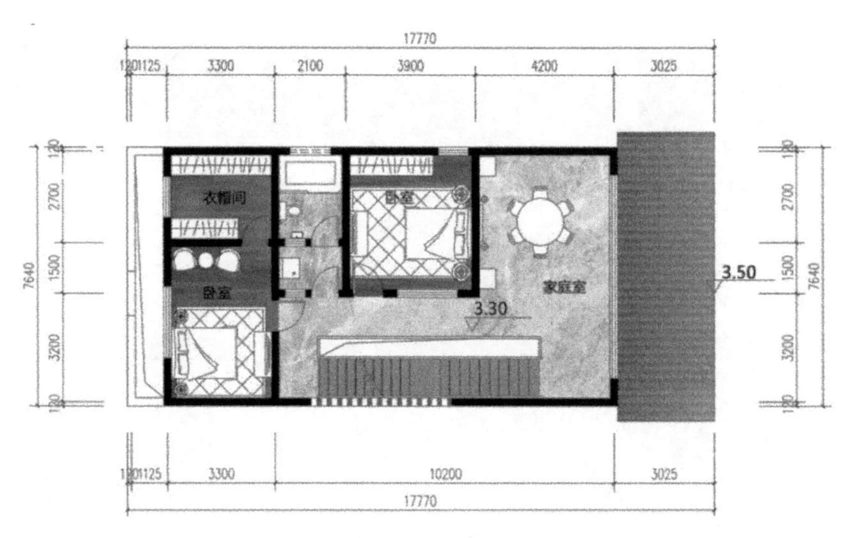

图 4-47　二层平面图

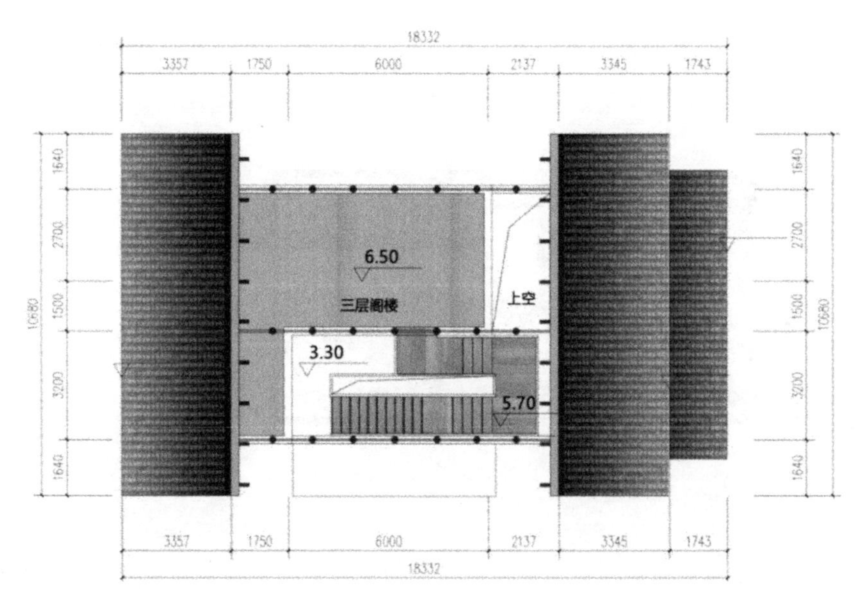

图 4-48　三层平面图

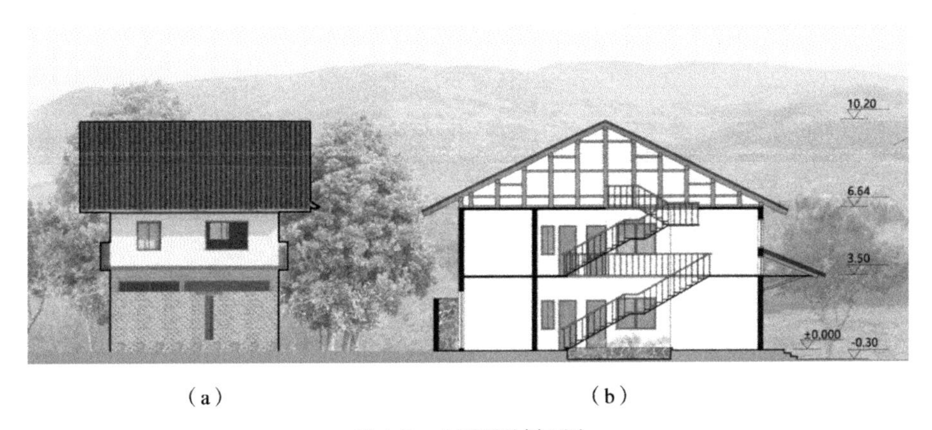

（a）　　　　　　　　　　（b）

图 4-49　立面图及剖面图

（a）北立面图；（b）剖面图

4.6.2　性能优化设计

农房主要功能房间门窗朝向西南，接受西南向凉爽的夏季主导风。同时，内外门窗打开，可形成内部穿堂风，降低夏季室内温度。次要功能房间置于西北方向，减少西北方向开窗面积，以降低冬季寒风对主要功能房间的影响。同时，冬季西北风来时，可减少门窗开启时间，以减少热量损失，维持室内热舒适度（见图4-50～图4-52）。

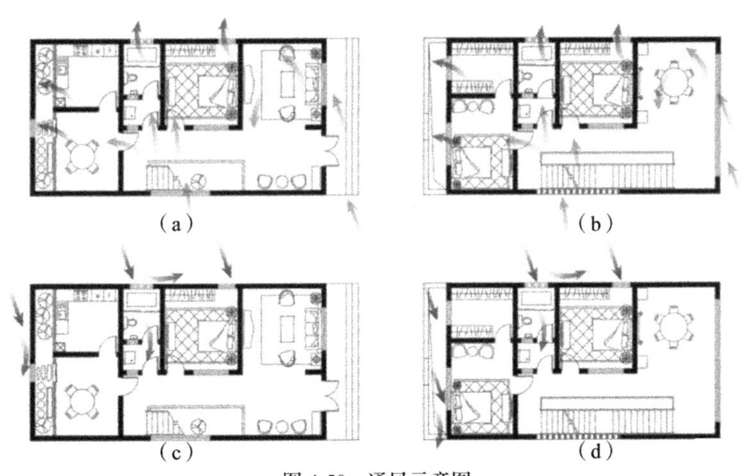

图 4-50　通风示意图

（a）一层夏季通风图；（b）二层夏季通风图；

（c）一层冬季通风图；（d）二层冬季通风图

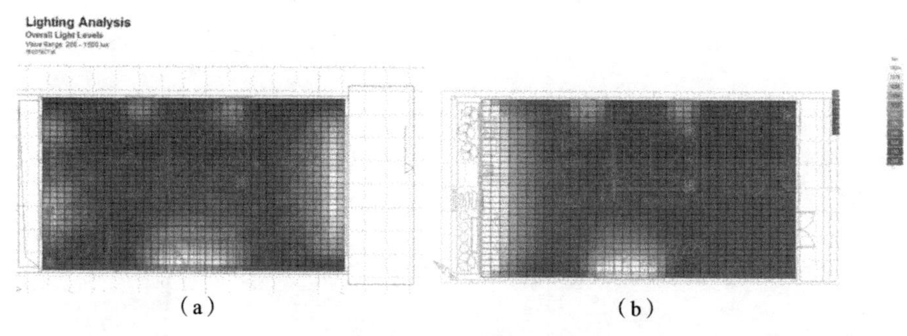

图 4-51 室内采光分析图
（a）一层采光分析图；（b）二层采光分析图

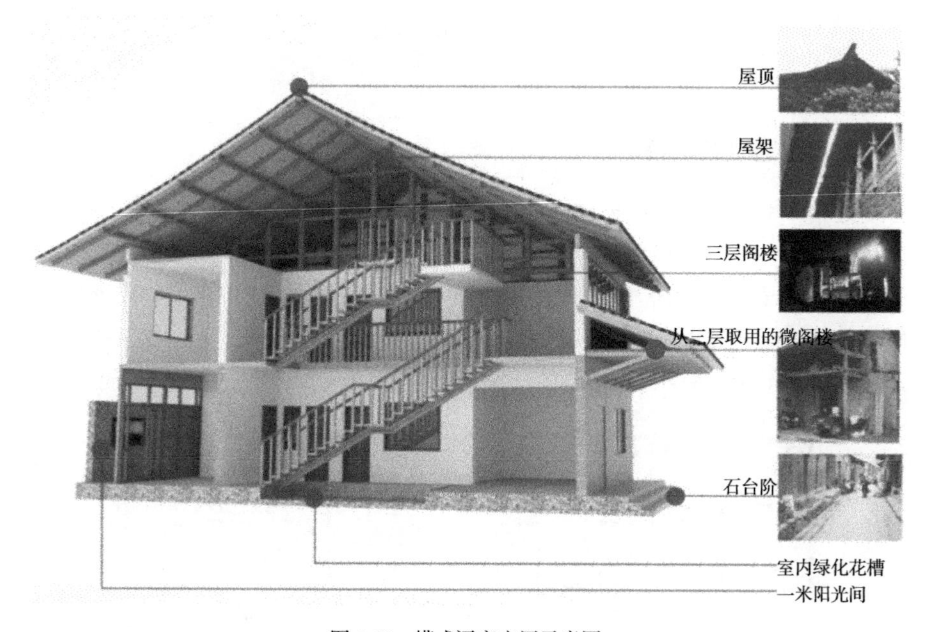

图 4-52 模式语言应用示意图

4.7 优化设计案例七：古城村三代居农房设计方案

4.7.1 设计概况

该农房位于古城村主干道旁的一块宅基地上，为三代居，户主是一对年轻夫妻，育有一双儿女，家中还有两位老人。夫妻常年在外打工，常住人口为两位老人和两个孩子。户主要求平面布局为L型，设置前院（见图4-53～图4-55）。

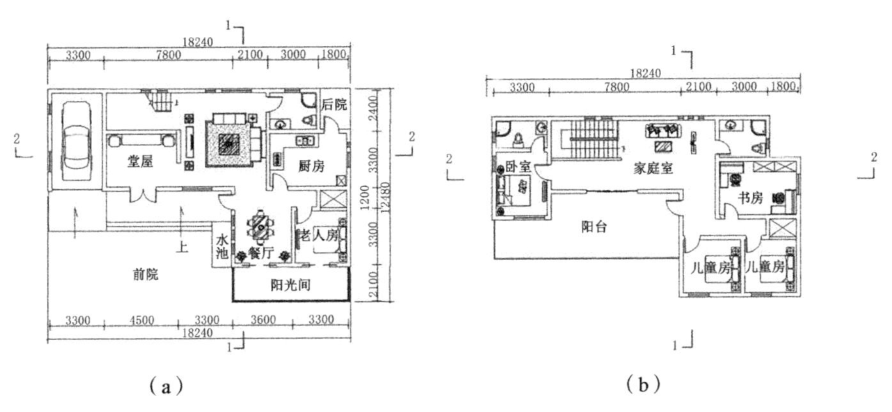

图4-53　平面图

（a）一层平面图；（b）二层平面图

图4-54　剖面图

图4-55　立面图

4.7.2 气候适应性绿色性能优化设计

在西墙面运用水墙技术。在平屋顶上收集雨水，雨水从女儿墙的泄水口流出形成景观效果，同时起到为西墙面隔热防晒的作用，雨水顺着墙面流入地面的雨水收集池，经过滤后可用于冲厕等（见图4-56）。除此之外，参照日本OM Solar系统原理，进行太阳能综合利用。冬季时，在屋顶覆盖玻璃等透光材料作为集热器，透光材料下部空气受到太阳辐射加热后，在小风扇的作用下，通过墙体管道输送到地板下。地板下的蓄热材料将热量储存起来并慢慢释放到室内。夏季时，被加热的空气通过屋顶通风口被排出室外。地板下的空气在循环中通过墙体管道排出，有助于减少夏季室内热量积聚，但热空气被排走之前，将首先用于水的加热（见图4-57）。

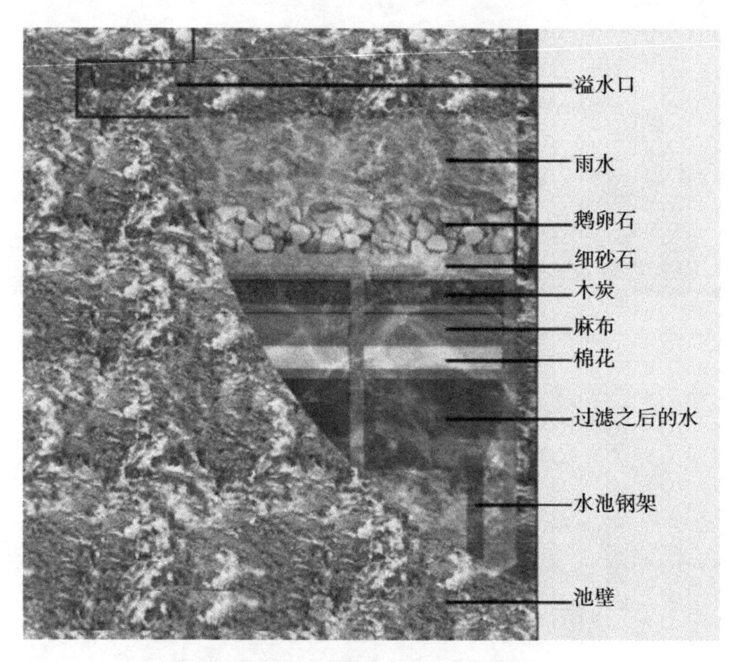

图 4-56　雨水过滤系统示意图

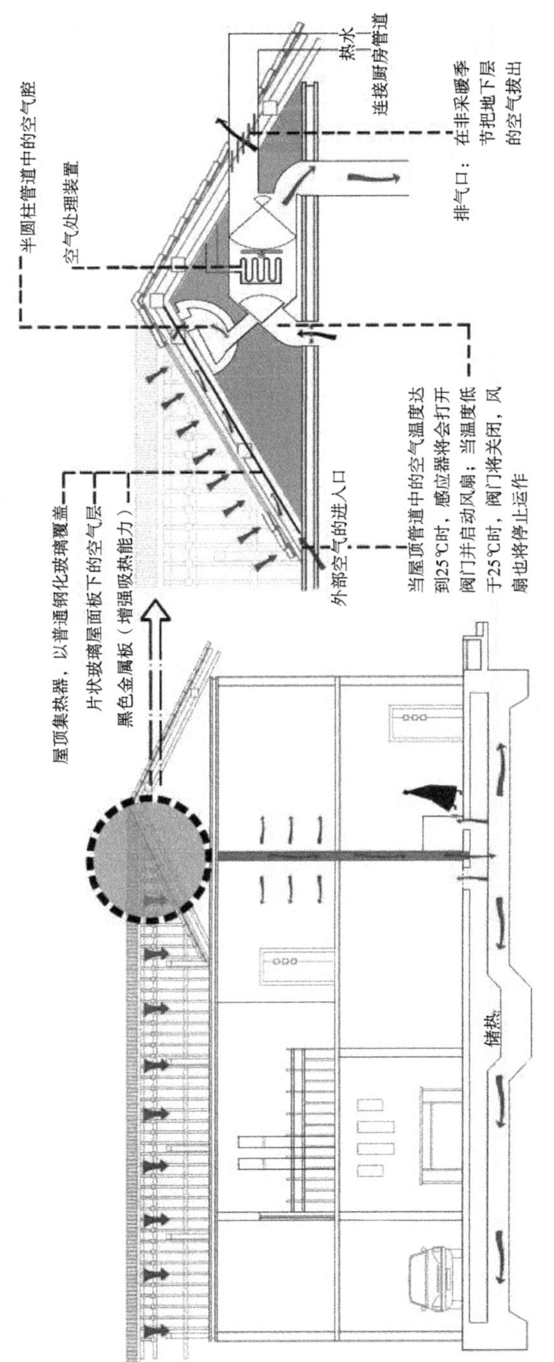

图 4-57　太阳能综合利用系统运作原理

参考文献

[1] 帕拉第奥. 建筑四书[M]. 北京: 北京大学出版社, 2017.

[2] 罗西. 城市建筑学[M]. 北京: 中国建筑工业出版社, 2006.

[3] 汪丽君. 广义建筑类型学研究: 对当代西方建筑形态的类型学思考与解析[D]. 天津: 天津大学, 2002.

[4] 何梅, 杨童, 贾萌, 等. 绿色居住建筑复合坡屋顶优化设计研究[J]. 建筑节能, 2018. 46(7): 17-19.

[5] QIUBO XIAO, YU LIU, CHEN WANG, et al. Influence of roof forms on the indoor thermal environment of rural houses in west China. International Forum on Energy, Environment Science and Materials[C]. 2017: 386-389.

[6] 柯布西耶.一栋住宅，一座宫殿[M]. 北京: 中国建筑工业出版社, 2011.

[7] 重庆市住房和城乡建设委员会. 重庆市建筑材料热物理性能指标计算参数目录: 2013年版[Z]. 重庆: 重庆市住房和城乡建设委员会, 2013.

[8] 闫杰. 多元文化视野下的陕南民居：以陕南青木川为例[D]. 西安：西安建筑科技大学, 2007.

[9] 屈万英. 陕南地区居住建筑围护结构适宜性节能构造技术研究[D]. 西安：西安建筑科技大学, 2005.

[10] 朱颖心. 建筑环境学[M]. 4版. 北京: 中国建筑工业出版社, 2016.

[11] BRISKEN W R, REQUE. S G. Heat load calculations by thermal response factors[J]. ASHVE Transactions, 1956, 62: 13-17.

[12] 史丽莎. 夏热冬冷地区建筑外墙动态传热特性研究[D]. 重庆：重庆大学, 2017.

[13] 谈莹莹, 王雨. 建筑墙体动态传热计算模型研究[J]. 能源研究与利用, 2008(6): 5-8.

[14] ASAN H. Investigation of wall's optimum insulation position from maximum time lag and minimum decrement factor point of view[J]. Energy and Buildings, 2000, 34: 321-331.

[15] BOLATTÜRK A. Optimum insulation thicknesses for building walls with respect to cooling and heating degree-hours in the warmest zone of Turkey[J]. Building and Environment, 2008, 43(6)：1055-1064.

[16] ASDRUBALI F, BALDINELLI G. Thermal transmittance measurements with the hot box method: Calibration, experimental procedures, and uncertainty analyses of three different approaches[J]. Energy and Buildings, 2011, 43: 1618-1626.

[17] 徐铨彪, 干钢, 余祖国. 夏热冬冷地区墙体自保温体系的调查研究[J].武汉大学学报(工学版),2015(48):60-64.

[18] 马晓鹏, 曹颖. 浅析建筑外墙内保温施工技术[J]. 中国建材科技, 2018, 27(4): 15-17.

[19] 李军. 外墙保温技术及房建节能材料应用[J]. 建材与装饰, 2018(36): 42-43.

[20] 宣超. 大模内置聚苯板钢塑复合插接栓外墙外保温系统应用技术[J]. 建筑技术, 2009, 40(5): 409-412.

[21] 肖志欣. 浅谈建筑外墙保温材料性能特点及质量检测[J]. 计量与测试技术, 2016, 43(5): 106-107.

[22] 汤义勇. EPS与XPS板燃烧性能试验研究[J]. 低温建筑技术, 2013, 35(3): 8-10.

[23] 肖秋波. 陕南宁强地区既有农宅外墙及屋顶构造的节能优化研究[D]. 西安：西北工业大学，2019.

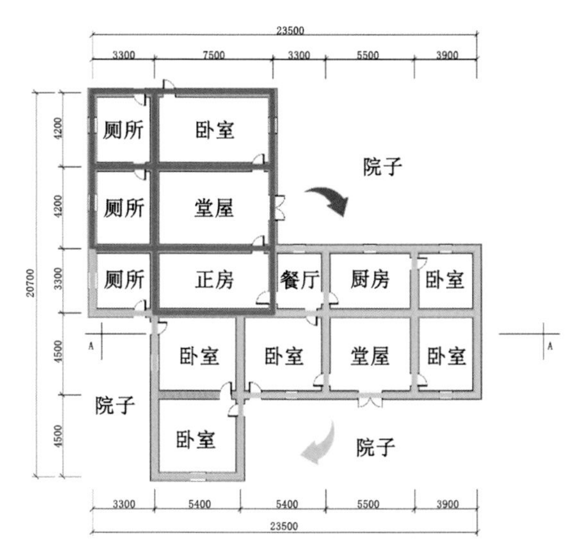

图 1-2　老城村百年农房建设形成示意图

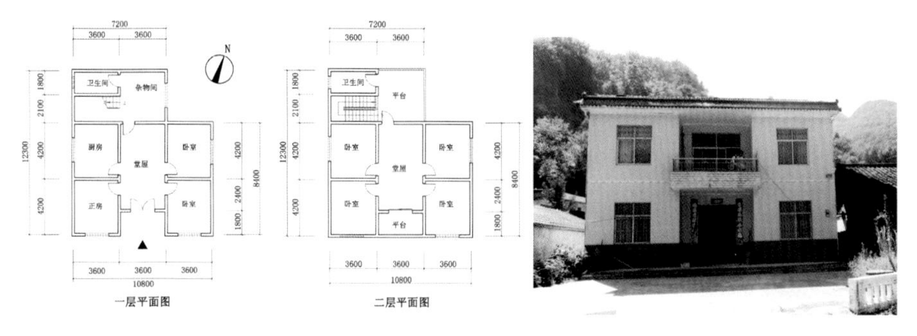

图 1-3　北辰新村当代农房布局及外观

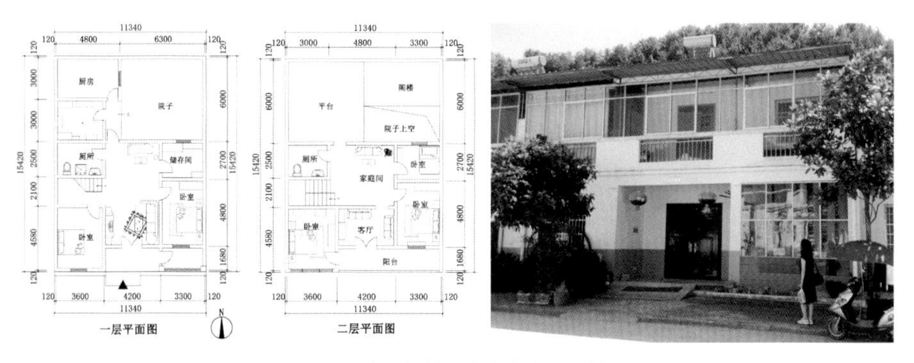

图 1-4　草坝场村当代农房布局及外观

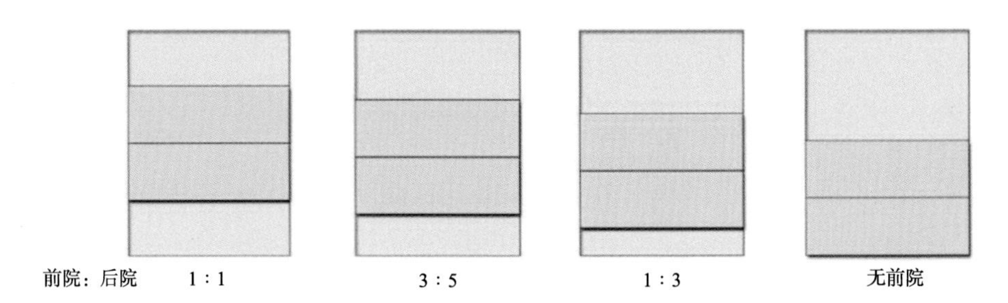

图 1-9 “一字型”建筑与庭院布局组合关系的几种类型

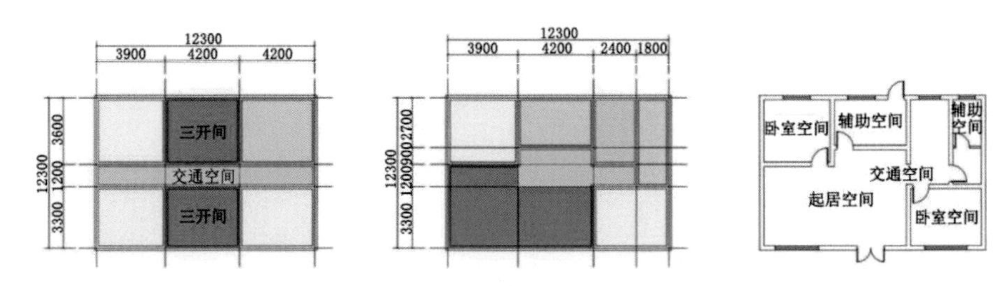

图 1-14 农房首层平面基本型生成示意图

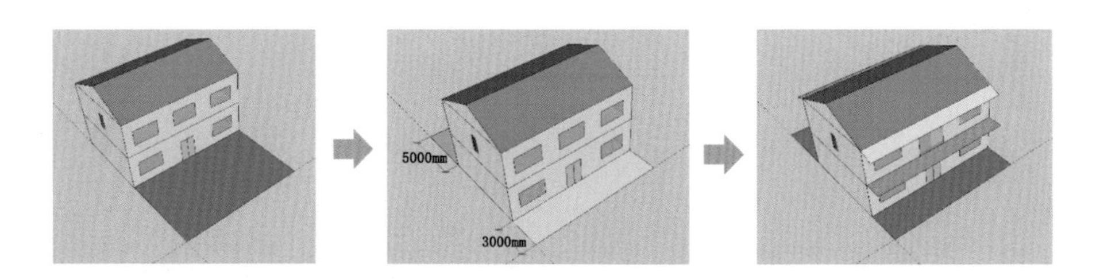

图 1-15 农房二层平面基本型生成示意图

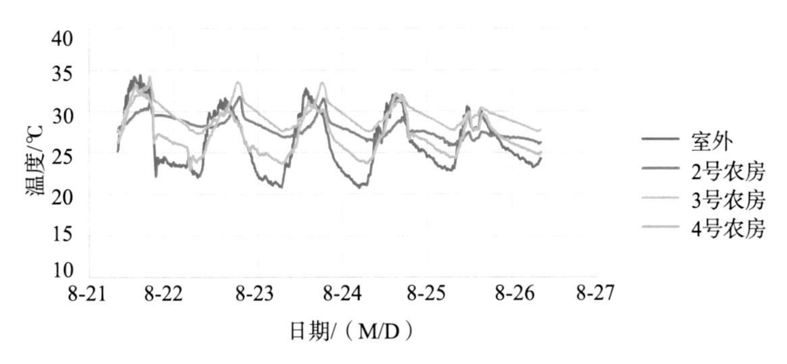

图 2-18　三组实测农房室内温度对比图

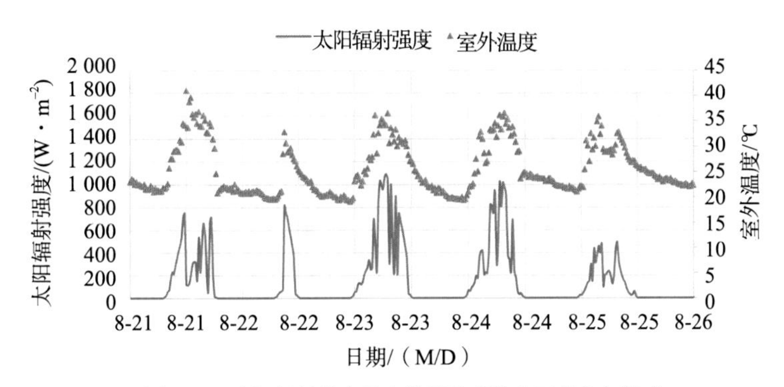

图 2-19　太阳辐射强度及室外无遮蔽状态下的空气温度

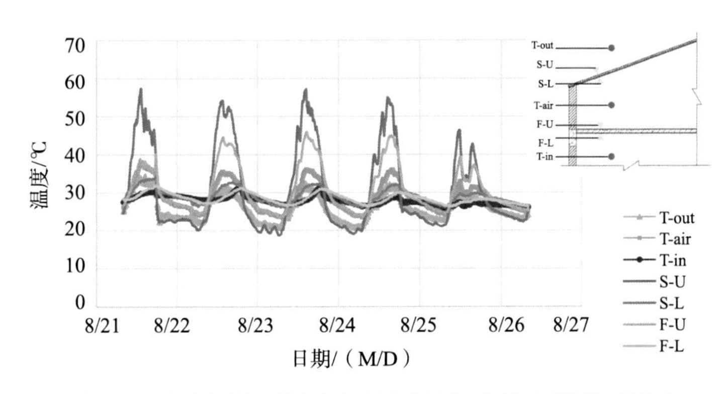

图 2-20　2号农房封闭式平+坡屋顶各表面空气层及室外温度关系图

注：T-out表示环境温度，T-air表示空气层温度，T-in表示室内温度，S-U表示平+坡屋顶上表面温度，S-L表示平+坡屋顶下表面温度，F-U表示平+坡屋顶上表面温度，F-L表示平屋顶下表面温度。

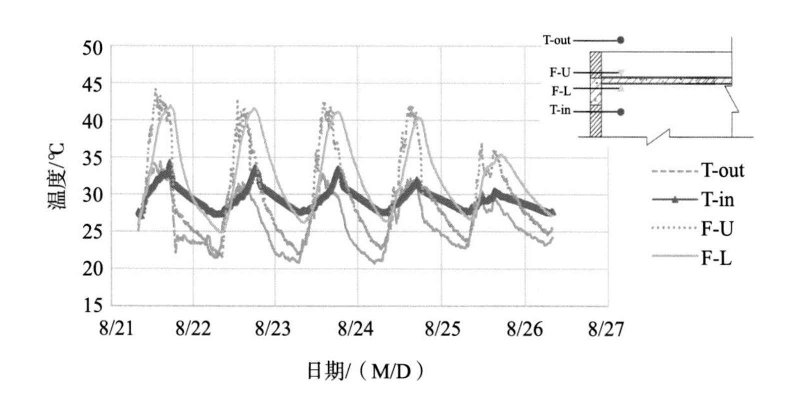

图 2-21　平屋顶各表面温度及室内外温度关系图

注：T-out表示环境温度，T-in表示室内温度，F-U表示平屋顶上表面温度，F-L表示平屋顶下表面温度。

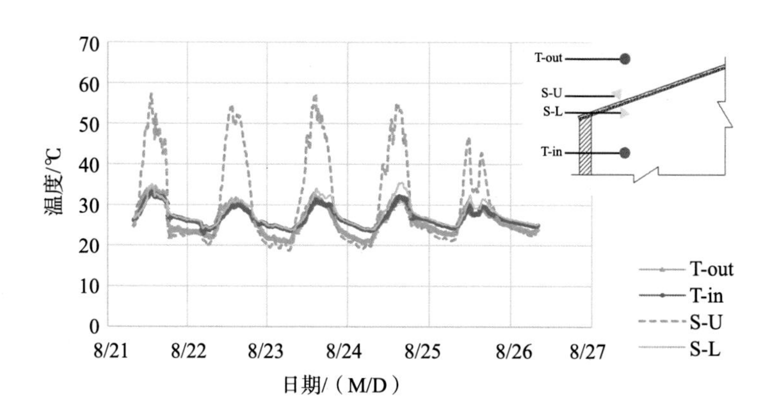

图 2-22　4号农房坡屋顶各表面及室外温度关系图

注：T-out表示环境温度，T-in表示室内温度，S-U表示坡屋顶上表面温度，S-L表示坡屋顶下表面温度。

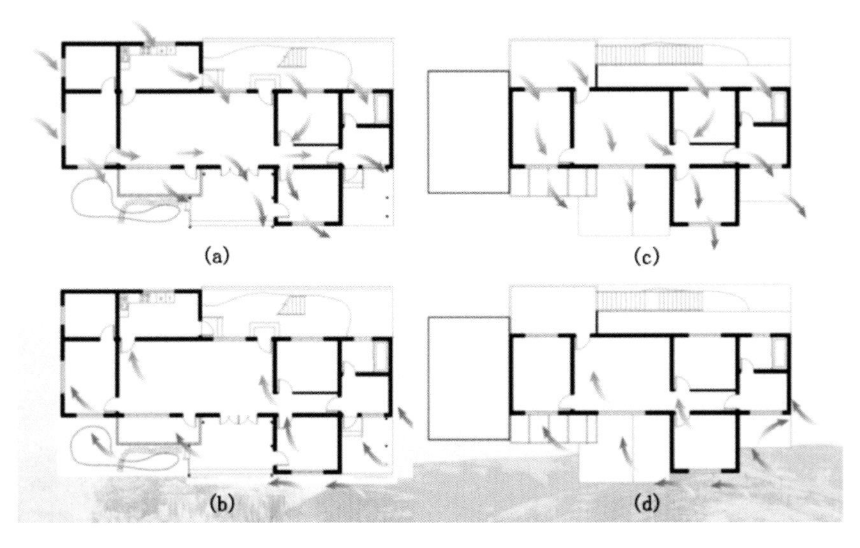

图 4-16　通风示意图

（a）一层夏季通风；（b）二层夏季通风；（c）一层冬季通风；（d）二层冬季通风

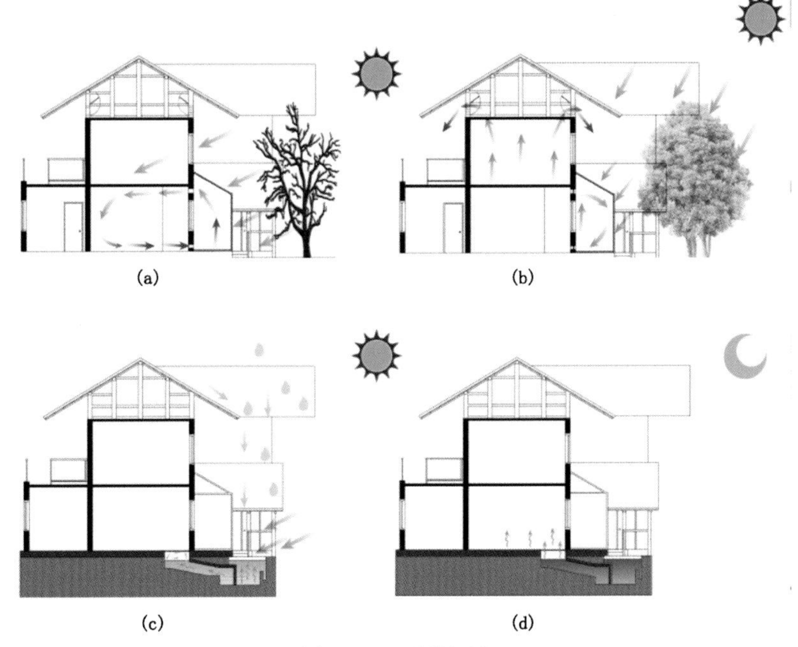

图 4-17　工况分析图

（a）阳光间冬季白天工况；（b）阳光间夏季白天工况；

（c）蓄水池冬季白天工况；（d）蓄水池冬季夜间工况

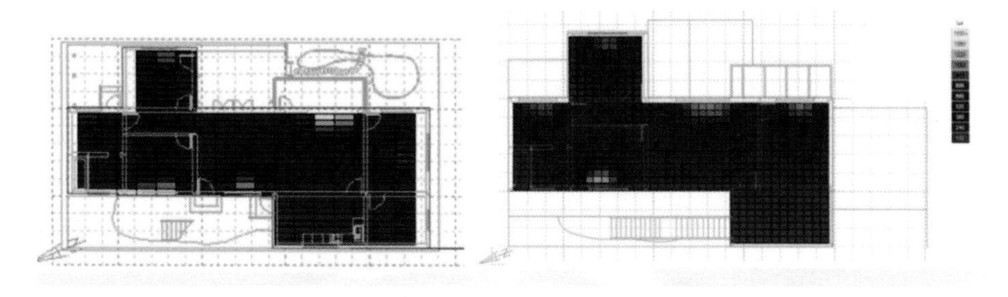

图 4-18　室内采光分析图

（a）一层采光分析图；（b）二层采光分析图

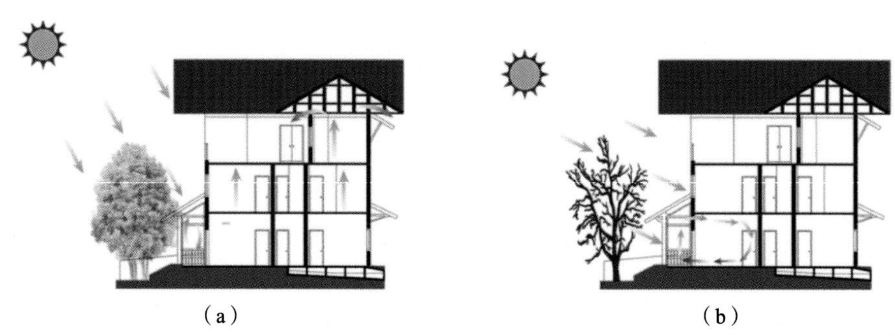

（a）　　　　（b）

图 4-26　阳光间工况分析图

（a）阳光间夏季白天工况；（b）阳光间冬季白天工况

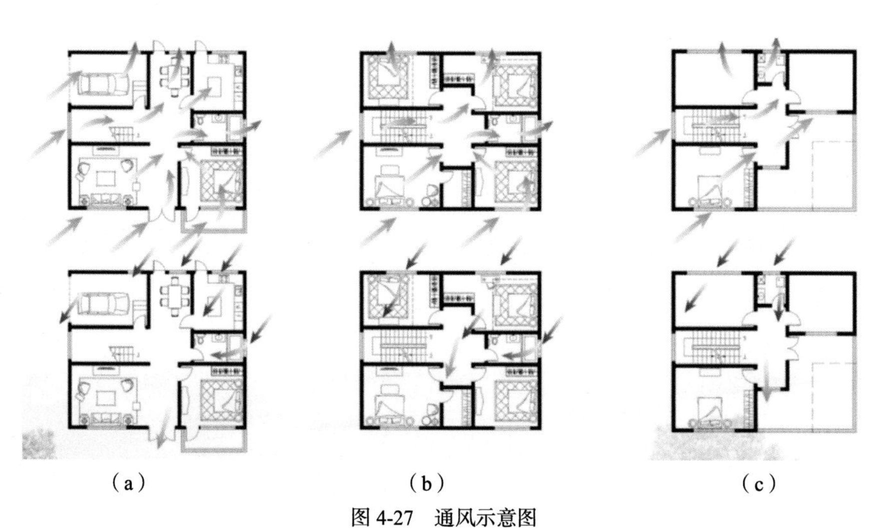

（a）　　　　（b）　　　　（c）

图 4-27　通风示意图

（a）一层平面；（b）二层平面；（c）三层平面

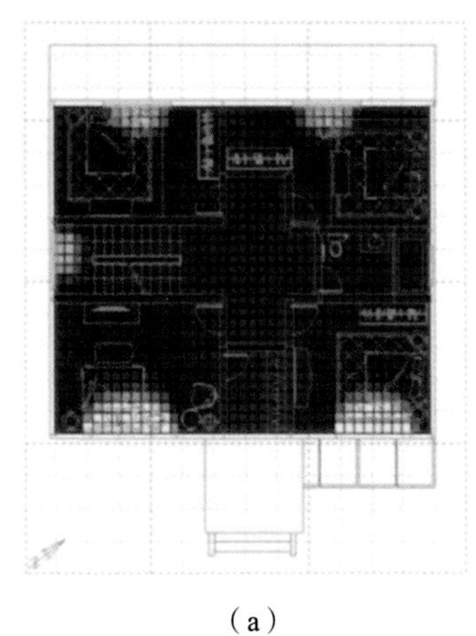

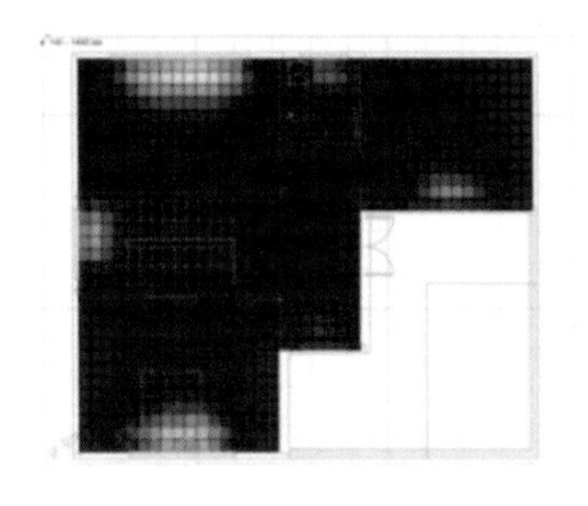

（a）　　　　　　　　　　　　　　　　（b）

图 4-29　室内采光分析图

（a）一层采光分析图；（b）三层采光分析图

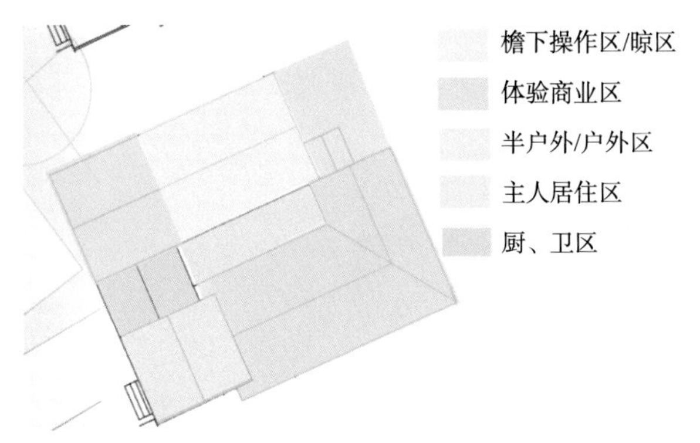

图 4-30　功能分区示意图

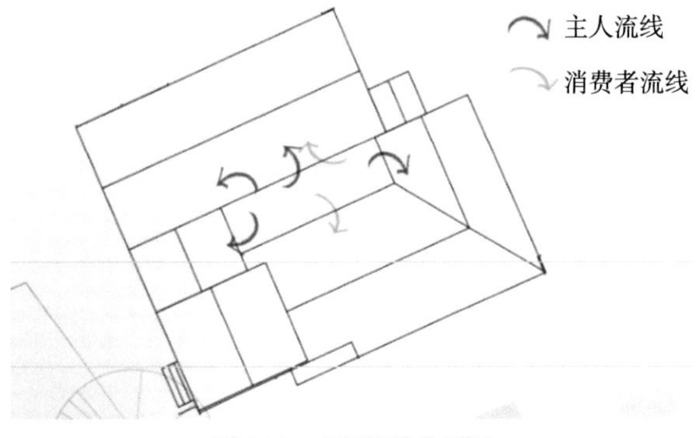

图 4-31　交通流线分析图

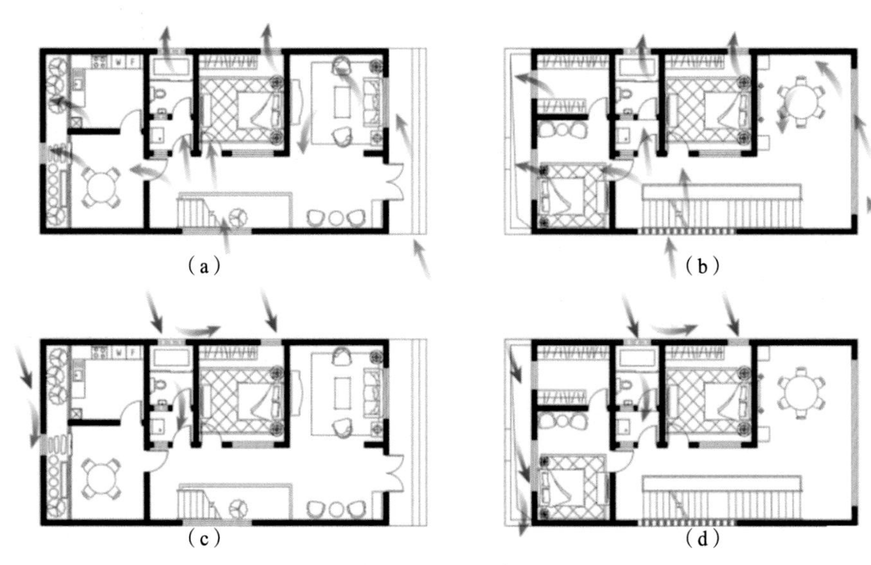

（a）　（b）　（c）　（d）

图 4-50　通风示意图

（a）一层夏季通风图；（b）二层夏季通风图；

（c）一层冬季通风图；（d）二层冬季通风图

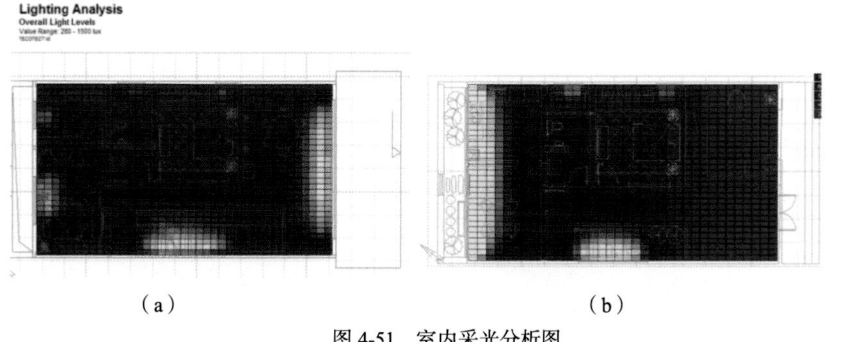

（a）　（b）

图 4-51　室内采光分析图

（a）一层采光分析图；　（b）二层采光分析图